你若不勇敢
谁替你坚强

宋璐璐 编著

台海出版社

图书在版编目（CIP）数据

你若不勇敢，谁替你坚强 / 宋璐璐编著. -- 北京：
台海出版社，2017.3

ISBN 978-7-5168-1282-2

Ⅰ.①你… Ⅱ.①宋… Ⅲ.①女性－成功心理－通俗
读物 Ⅳ.①B848.4-49

中国版本图书馆CIP数据核字（2017）第030813号

你若不勇敢，谁替你坚强

编　　著：宋璐璐
责任编辑：王　艳
版式设计：尚世视觉　　　　　　责任印制：蔡　旭
出版发行：台海出版社
地　　址：北京市东城区景山东街20号　　邮政编码：100009
电　　话：010-64041652（发行，邮购）
传　　真：010-84045799（总编室）
网　　址：www.taimeng.org.cn/thcbs/default.htm
E-mail：thcbs@126.com

经　　销：全国各地新华书店
印　　刷：三河市京兰印务有限公司
本书如有破损、缺页、装订错误，请与本社联系调换
开　　本：880mm×1230mm　　　1/32
字　　数：192千字　　　　　　印　张：9
版　　次：2017年4月第1版　印　次：2017年8月第2次印刷
书　　号：ISBN 978-7-5168-1282-2
定　　价：35.00元

目 ♥ 录

第3章
悦纳自己，唤醒心中沉睡的正能量 *071*

第4章
酸甜苦辣咸，都要积极地面对 *113*

第8章
让爱情和婚姻变成你所希望的样子

第9章
你要相信，最好的正在来的路上

第 *1* 章

生活中，
总会有那么一点小挫折

面对挫折，
活得像玉一样温润

作为生活在现代社会中的女性，难免会遇到这样或者那样的境遇，这其中会有不少遭遇困难与挫折的情形。有些时候，我们难免会下意识地抱怨，为何自己生活得这样苦？那么，亲爱的女性朋友，到现在为止，你所遇见的最大的困难是什么？不要想太长时间！因为真正的困难会在你的脑海中留下极其深刻的印象，你会不假思索地说出来。

大部分女性朋友们都会一时间愣住吧？曾经觉得自己的生活总是多么多么悲苦，但是，一旦闭上眼睛仔细想想自己遇到的困难时，竟然会头脑一片空白。怎么会这样呢？这是因为，其实很多时候我们总是习惯性地抱怨，把一些无谓的小事、小烦恼，当成了很大的事情，当成了很大的折磨。其实，过后一看，所谓的困难根本没有什么大不了。

当我们与很多在夕阳下安享晚年的老人聊天，会发现她们有一个共同的心声：有挫折的人生，才是完美的人生！因为挫折的洗礼，会使一个女人变得更加成熟，更加有韧性，她的人生阅历也会比别人多出很多精彩的片段。当一切归于平静，回头来看，会发现她的行囊中载满了如此多精彩的内容！那时候的她，将会比从未经历风雨的女人更加淡定、更加从容，她可以平静地笑看人生的起起落落，因为已经没有什么能够将她打败！

挫折虽然是一种痛苦的经历，但从另一角度来看，挫折亦是一针让我们奋进的催化剂。伟人们大多都是在一步步经受挫折的过程中，才慢慢显露光芒，才慢慢享誉世界。也许有些女人会说，我只想做个凡人，不想做名人，还是别让我经受挫折吧！

当然了，谁都希望能够过得轻轻松松、快快乐乐，谁都希望自己的人生之路没有烦恼、没有挫折坎坷。可是，人生并不是一条提前预设好的路，它随时都会有一些突发状况的发生。挫折的来临，往往是没有预告的，通常会打得我们措手不及。我们所能做到的，就是用一种乐观的心态，对待我们所遭遇的挫折。当挫折来临时，我们不要慌张，不要躲闪，而是用一种淡定的心态，告诉自己：这是人生中一段不可或缺的经历，经历了这一段，我的人生会变得完美许多，有限的人生里，我比别人多经历了一些事情，就会多收获一些感悟，多一些人生的智慧！

当拥有淡然豁达的心境，面对再大的困难，我们也就能怀揣着坚韧不拔的心挺过去了！即使再普通的一个女人，在挫折的洗礼之后，也会变得与众不同起来，她们就像打磨抛光后的玉，透着温润的质地。

在我们的漫漫人生旅途中，最让我们感到难过的或许就是生离死别、意外灾难的不期而至了。

颖是一个再平凡不过的女人，十多年前，她的丈夫得了奇怪的病，后背针扎似的疼痛，20分钟内全身瘫痪，后被确诊为脊髓炎。丈夫的生命虽被保住，可也是废人一个，离了她的照顾寸步难行。面对丈夫的现状，这个普通的女人没有气馁，而是很快走出情绪的低谷。为了儿子，为了未来能有一个幸福的家庭，十几年中，在家庭工作两不误的情况下，她精心照顾丈夫，擦身、按摩、鼓励、安慰……十几年如一日，关爱成为一种习惯。最终，如此险恶的疾病，也被她的坚持给打败了，丈夫的身体渐渐恢复，再次成为了一个健康的人。

然而，命运似乎要和她开个恶作剧似的玩笑，在丈夫刚刚恢复健康，全家正欣喜不已的时候，她却遭遇了一场飞来的车祸。她的生命虽没有危险，但是由于车轮从她脚上压过去，导致她的两个脚趾骨折，医生给她打了石膏固定，在医院住了一个多月，吃喝拉撒都在床上。炎热的夏天，是曾经被她照顾得无微不至的丈夫开始细心地照顾起她来。在这对平凡夫妻的生命旅程中，虽然遭受了一连串的不幸，可是，他们彼此都用自己的坚韧之心摈弃了抱怨，以一颗平常的心对待如山洪般到来的挫折，在各自遇到最大困难的时候都互相没有抛弃，而是尽自己最大的努力来弥补对方人生中的缺憾，携手走过挫折的洗礼，谱写出一首让人感动的生命歌谣。

每个女人都想自己的人生少一些坎坷，多一些如意，但是当我们慢慢地变老，直到坐在摇椅上细细地品味自己一生，历数自己所经历的磨难与挫折时，你就会发现，原来人生的完美就是如此被铸造出来的。

　　作为一个有智慧的女人，我们要懂得，挫折是我们成长道路上的磨练，当我们经历挫折坎坷，要知道，幸福和快乐就在不远处向我们招手。就好像蚕蛹蜕变时要经历阵痛一样，只有经过此痛才能摆脱束缚自己的蛹壳，幻化为一只美丽的蝴蝶。

　　我们无法预测未来的道路，即便强行预测也不可能是准确的。或许我们的未来会布满荆棘，到处都是绊脚石，但是我们只要冷静地进行应对，在挫折中坚强一点儿，在磨难中仍然奋勇前进，那么这些挫折与磨难只会成为我们人生中的一个个完美的装饰。我们在不断战胜挫折、战胜自己的过程中，也会逐渐地成长为令人钦佩的女人！

溜冰摔了100次，
要敢于再摔101次

　　作为女性，我们每个人都不是童话中的公主，都生活在现实的世界中，即便现在拥有再多的东西，也不可能保证一生不会遭遇挫折与失败，而失败一定会令我们变得沮丧，感到很大的痛苦。在这种情况下，我们最需要做的是，暂时将失败带来的痛苦忘掉，努力地将全部的精力放在如何解决问题上。

　　如果一道十分难做的菜做了10次都没做好，你还会做第11次吗？

　　如果你学习溜冰，摔了100次都还没有学会，你还敢摔第101次吗？

　　估计，在这些失败面前，大部分女人会打起退堂鼓吧！

　　可是，偏偏就是有一些健忘的女人，根本不理会自己失败的次数，也不搭理别人对自己失败的看法，而是铁了心继续一次次地尝试。而且，最终这类"疯子"往往都会令人惊讶地走向成功！

　　在2002年美国独立日那天，美国的一名百万富翁创造了一个让世人惊讶的奇迹，这个富翁创造这个奇迹的时候已经58岁，他叫史蒂夫·福塞特。他驾驶着一个叫作"自由精神"号的热气球，在澳大利亚昆士兰州一个比较干涸的湖边安全着陆了。至此，他的第七次单人环球飞行结束了。这是他最成功的一次环球飞行，之前的六次，都没能让他自己满意。

事后在媒体的报道中我们得知，2002年7月2日，当他的热气球飞过东经117°时，他就已经在世界航空史上创造了一个奇迹。从2002年6月19日开始到2002年7月4日，史蒂夫·福塞特共计飞行了13天12小时16分13秒，航程为33971.6千米。这次的飞行实在是太伟大了！不过，令我们敬佩的并非航空飞行的纪录，而是他在遭遇了六次挫折之后依旧坚持第七次飞行的精神。这是一种敢于忘记失败，不断挑战失败，不断挑战自己极限的精神，也是一种永不言弃的决心。

在韩国也有一位老人的名字曾经登上各大报刊。因为这位老人亦有一种无视失败的精神，在他考了271次驾照考试都没有成功的情况下，他继续考试，并且顺利通过！这也是一种永不言败的精神。而我们却常常会在失败之后为自己寻找千万个理由：要是再给我一点时间的话，要是条件好一点的话，要是对方认真对待的话……

我们总有找不完的借口为自己的失败开脱，却从来看不到自身主观努力的不足。如果我们能正视自己存在的缺陷，然后逐一弥补，那么，我们离成功也就更近了。但是，就因为我们的害怕，害怕别人看到我们失败的样子时露出的不屑的表情。于是当我们失败时，我们总是耿耿于怀，总是难以从心中抹去失败带给我们的阴影。甚至还有人不愿意面对失败，会通过各种方式来掩藏自己的失败。结果，就让自己永远停留在了失败的这个瞬间，无法继续前行。

作为一个普通的女人，即使我们想要的成功很简单，但是，失败也总是在我们不经意间来找我们。于是，很多人在经历过几次失败之后，就退却了，就对自己失去信心了，就不敢再继续前行了。其实，当失败不断找你时，如果你能有一颗健忘的心，你就有了蔑视它的心态，就能轻易地将失败打败。让自己做一个健忘的女人吧，这样当你重新赶路时，就又是一个全新的开始，那么在全新的旅程中，你获得成功的机会就会大得多。这不仅仅是呆板的说教，同时也是一个普通的、经历过几次职场失败的女孩的最深感悟。

倩倩在大学毕业后，走进了一家小的外贸公司，开始了她的第一段社会之旅。可是不幸的是，她遇到了一个脾气十分不好的老板。那时的她，懵懵懂懂，什么也学不会。倩倩很郁闷，未来在哪里？别说未来，就连一份工作都不稳定！同时，她的师傅也带她用业余时间做美容产品。折腾了4个月，一无所获的倩倩决定离开那公司。离开公司后，她考虑了很久，决定还是继续做美容产品的销售，多少对生活也能有点贴补。于是，在一边灰头土脸地找工作的同时，倩倩还在尽力做美容产品的推销工作，但是，她仍然一无所获。

多次的打击，让倩倩对自己的能力产生了怀疑，她觉得自己也许不是做销售的料！于是，她放弃了做美容产品的销售工作，而职场上连续几次失败的阴影在她的脑子里始终挥之不去。因此，尽管在投出简历后有很多公司给她打电话，让她去面试，倩倩都放弃了，她无法说服自己重新站起来。

后来，经过朋友的劝慰与鼓励，倩倩终于放下曾经的失败，开始积极地面对一切。当她抛却阴影，发挥自己潜藏的能力，重新投入到职场后，仍然选择了一份以前自己很胆怯的销售工作，只是这次，倩倩越战越勇，业绩突飞猛进，很快就升为了区域经理！

这是一个十分普通的职场故事，然而，却是不少女人曾经有过的迷茫。在此过程中，有太多的女人慢慢地被失败打败，不再继续勇敢地前进了。而有些女人在遭遇失败时，选择了做一个健忘者。在失败之后，她们仍然高昂着头颅、哼唱着歌曲，大踏步地继续前行……最终，哪些人会取得成功？相信，你心中一定有答案了吧。

你可以哭泣，
但不能脆弱

　　在现实生活中，我们经常听到这样一句话："女人啊！你的名字叫脆弱！"这种观点可以说是深入人心。每个女人可能都希望得到保护与呵护，每个女人都可能觉得在遭遇挫折与磨难时，哭泣是属于女人的专利，而倘若一个大男人在遇到此种情况时也哭哭啼啼，难免会被众人鄙视……

　　可是，我们静下心来想想，同样是人，凭什么脆弱就是我们女人的专利，而男人就没有脆弱的权利？要知道，他们也同样在工作、在拼搏，也同样会遇到各种挫折，会遇到各种让他们神伤的事情，有时候，男人也需要宣泄脆弱的情绪。

　　刘德华的一首《男人哭吧不是罪》曾经风靡大江南北，因为这首歌唱出了太多男人的心声。因为是男人，所以当他们有困难的时候，不敢叫苦，而是埋头尽力把困难解决；当他们心情郁闷的时候，不敢在女人面前表现出来，因为社会赋予他们的强大角色，让他们害怕展露自己脆弱的一面；当他们遭遇不幸，需要人安慰时，他们宁愿将自己封闭起来，因为他们害怕，女人会因此鄙视他………

女人们，当我们脆弱的时候，我们需要男人的肩膀来依靠，需要男人来帮自己遮挡风雨。但男人在脆弱的时候却被剥夺了表现和发泄的权利，而这不公平的现象男人们只能默默忍受。要知道，有时候男人所背负的压力如果得不到正常的释放，也许会使他与之前判若两人。一个社会学教授曾追踪过几个案例：

有个男人，曾经是一个工作稳定的律师，和女朋友也是如胶似漆。在和女友恋爱5年期间，每天下班后接女友，一起吃饭，然后回家洗衣服，喂宠物，看电视，睡觉。他生活规律，工作顺心，还时常利用闲暇时间与女朋友休闲度假，是身边朋友眼中的成功模范。可是在分手后，男人的脆弱瞬间来袭。他下班之后不知道应该做些什么，就连吃饭也不知道去哪里，屋子中堆满了衣服也没有人去洗，经常长时间坐着发呆。到了健身房，他就会疯狂地进行各项训练，结果将自己的手臂拉伤了；时不时醉得一塌糊涂，然后给所有认识的女人打电话；整天行尸走肉般生活，周围的朋友想帮助他迅速走出阴霾，但是他不敢出去接受朋友的劝慰，他害怕自己的脆弱在别人面前展露无遗。

也有个男人，曾经事业成功，家庭和睦，朋友良多，诸事顺心。他总是意气风发，无所顾忌。身家6000万的他每日觥筹交错，法国的商场更是他常去扫货的场所，座驾一定是市面上的最新型。他常陪老婆去"周游列国"，孩子也是请了小提琴名师来家里授课，一切看起来都完美无缺。

但是，偶然的一次生意失败后，他倾家荡产，与曾经的圈子里的人之间有了很大的差距。于是，他不再和以前圈子的人联系，更多的时间都缩在家打电脑游戏。他脾气暴躁，常为一点小事和老婆孩子生气，挑所有人的刺。脆弱爱面子的他，总是放不下曾经的风光，并且不肯改变曾经的生活习惯，还是狂热地追求奢侈品，总是用奢侈品来抚慰自己那颗被事业打击得脆弱的心。

还有个男人，家庭、事业在外人眼中全都蒸蒸日上，在所在的公司是业务骨干，而且外向开朗，与公司的人都关系良好。在工作的时候严肃认真，英语过了六级，电脑的操作水平可以与黑客相媲美，并且他还是公司中每年拿下的单子中金额最大、数量最多、完成质量最佳的人。在众多朋友当中，他是最先成为小康一族的人。然而，他在生活上却相当低能，用冷水煮面，将真丝衣服扔进洗衣机中，使之搅成了抹布。洗碗的时候，相较于洗干净的碗，摔坏的碗要更多一些。而且他还非常讨厌做家务，习惯了饭来张口、衣来伸手的生活。在外面工作时他能够对同事和客户笑脸相迎，客气对待，但是回到家后，却总是将工作中的压力深埋在心里，什么也不愿意说，做一个闷葫芦，总是窝在沙发上没完没了地看电视。

这样的男人很多很多。女人们，也许，你自己的男人就在这样的脆弱阶段。这个时候的他们，是十分敏感的。他们会脆弱，可是他们好面子，他们不敢辜负这个社会长久以来给他们的定位，于是，他们总是将委屈放在心里，有泪往心里咽。可是，很多女人在这个时候还不理解他，不去关心体贴他，反而觉得自己的男人没能力、不坚强、没魄力……

其实，不是他们没有能力，只是他们也如你一样，遇到了人生的低谷，遇到了有脆弱需要发泄的时候。可是，他们跟女人不一样，他们不能像我们那样自然而然地顺畅发泄。

要知道，男人也会有累的时候，倘若将男人比喻成是一艘在生活的海洋中搏击风浪的航船，那么我们为其提供的温暖的家，便是男人航海之后避风与休息的港湾。在他们低谷时，一个聪明的女人会说："没关系，我懂你！你觉得不畅快，就说出来吧！就发泄出来吧！"可是，大多数女人自私地将脆弱放在自己的口袋里，作为专利品，总是在稍有不顺心的时候，就撒娇、发泄、动怒，但是，在男人脆弱的时候，则忘记了有"脆弱"两个字的存在，反而对他们冷言冷语，在他们本已受伤的心上，再撒了一层盐……

人们经常说，每一个成功男人的背后必定有一个贤惠善良、善解人意的妻子。因此，女人们请牢牢记住：脆弱并非女人的专利。在自己脆弱的时候，女人应当努力地让自己变得更坚强点，不要让自己的脆弱泛滥成灾；在男人脆弱的时候，女人应该学会运用自己的温柔，做男人的定心石。

用慈爱的精油，
润化心里的绝望

在现代社会中，有不少女人的生活是不和谐的，就好似缺乏润滑油的机器一样，发出又粗又难听的碾轧声。这个时候，她们就十分需要温暖、喜乐以及柔和作为润滑油来进行调剂。而一个充满生活智慧的女人，善于把"喜乐的油"分给沮丧的人，有时候仅仅是一句鼓励的话，对于绝望者来说，都有着莫大的意义。

在人生的道路上，有许多人，经常因为这些不和谐而陷入绝望之中，从而使自己的生命变得僵硬，那么我们就要善于用"慈爱的油"不断为自己软化。

绝望向左，希望向右，痛苦在中间，聪明的女人，一定知道该如何选择了。学会用"慈爱的油"将自己软化吧，这样才会使人生充满希望，远离绝望。

李·艾柯卡是克莱斯勒汽车公司的总经理，而在此之前，他是美国福特汽车公司的总经理。他的座右铭是："奋力向前。即使时运不济，也永不绝望，哪怕天崩地裂。"他的自传，印数达到了150万册之多，十分畅销。

艾柯卡在成功的道路上不只有阳光清风，也曾有过狂风暴雨。他的一生，用他自己的话来说，叫作"苦乐参半"。1946年，21岁的艾柯卡，成为了的福特汽车公司的一名见习工程师。可是，他对于长时间待在机器身边，进行技术工作没什么兴趣，却喜欢与他人打交道，热衷市场营销。

艾柯卡凭借自身的努力，最终实现了从一名推销员到总经理的蜕变。然而在1978年，因为大老板的嫉妒，他被开除了。艾柯卡在福特汽车公司工作了32年，做了8年的总经理，工作上一直非常顺利，但是突然间，他却被辞退了，成为了失业人员。昨天他还是人人羡慕的对象，今天却成了众人躲避的人。在公司结交的所有朋友都将他抛弃了，给了他相当大的打击。"一旦艰难的日子降临了，除了做一下深呼吸，咬着牙竭尽所能之外，实在也没有什么其他选择。"艾柯卡是这样说的，也是这样做的。他没有颓废，没有倒下。最后，在所有人惊讶的目光中，他去了一个即将倒闭的企业，即克莱斯勒汽车公司，担任总经理之职。

今天的艾柯卡是众所周知的汽车事业上的强者。在刚刚进入克莱斯勒汽车公司的时候，他依靠着自己的聪明才智与过人的胆略，对企业进行了大刀阔斧的整顿与改革，并且求助于政府，在与国会议员进行激烈的辩论之后，获得数额巨大的贷款，重振了克莱斯勒汽车公司雄风。1983年，艾柯卡还给了银行8亿1348万多美元，到了这个时候，克莱斯勒终于将所有的债务都还清了。

倘若艾柯卡是一个消极悲观的人，经受不住新的挑战，在巨大的挫折面前灰心丧气、一蹶不振，最终坠入绝境的深渊，那么他就与一般的失业者就没有任何的不同了。正是不屈服于挫折和命运的挑战精神，使艾柯卡成为了一个世人敬仰的英雄。

冬天的牧场广袤、空旷，狂风卷着暴雪毫无阻拦地冲向牛群。在剧烈的暴风雪下，大部分的牛遭受着寒冷彻骨的大风的袭击，在风暴的推动下缓缓地移动着，直至被地上的篱笆拦住，它们就彼此靠在对方的身上，挤成了一团，无助而僵硬地忍受着大自然的暴怒。牛群逐渐地被巨大的风雪淹没，最后全都逃不过死亡的命运。然而，有一种与众不同的牛——赫勒福德牛，其反应就完全不是这样的。这种牛本能地逆着大风，直直地站立着，牛与牛肩并肩，低着头，努力地抵抗着暴风雪的侵袭，最后，它们都活了下来。

还有这样一个真实的故事。在寒冷的冬季，草原上突然着起大火，大火借助着强大的风势，越烧越猛，绝大多数的人都拼尽全力地向前奔跑，慌慌张张地逃命。然而，不管人们跑得多快，也不可能快过风与火，他们逃得精疲力竭，最后还是死在了无情的大火中。然而，其中有几个人却没有像大部分人那样顺着火苗朝前奔跑，相反，他们毅然地选择了迎着火舌，向大火跑去，从凶猛的火舌中冲了过去，最终抵达安全地带。尽管也有人受了些许轻伤，但是与那些丧命的人相比，已经非常幸运了。

　　人的一生，不如意者十之八九。在困难与挫折面前，女人们不要一味地抱怨命运，沉浸在无限的痛苦中，陷入无边的绝望。实际上，命运对于每个人来说都是公平的，所不同的是，每个人对于自己所处的环境的理解不一样而已。要知道，环境不能对你的命运进行控制，唯有你本人应付生活的态度与行动，才可以决定你的成败。这就好像暴风雪与大火降临的时候，我们不应当只是马上想到远远地逃离，而应当勇敢地迎上去，直接面对险恶，可能还会有一条生路。

　　奥斯特洛夫斯基曾说过："人的生命似洪水在奔腾，不遇着岛屿和暗礁，难以激起美丽的浪花。"大多成功的女人都有着一种承受生活变故的能力，即使情况再艰难，她们也不会让自己沉浸于绝望的情绪之中，相反，困境只会让她们的性格更加坚强不屈，意志更加坚定、更有韧性。

　　人生没有回程票，过去了就不可能再回来。如果你坠入痛苦的深渊不能自拔的话，只会让自己与快乐失去缘分，与成功擦肩而过。告别苦痛的手，必须由你本人来挥动，跳出绝境的脚步，必须由你本人来迈开。作为一个女人，如果想要在成功之路上走得更远，那么就必须要具有坚韧不拔的超强意志，毫不畏惧沿途遇到的困难，不会被绝望的情绪困扰。

每个女人都有弱点，
学会修缮

常言道："人无完人，金无足赤"，在现实的社会中，我们每个人都不是完美无缺的，有不少好女人总是由于自身的弱点或者缺陷而痛苦不堪。其实，只要你能够积极坦然地面对，充分将真实而生动的自己展示出来，就可以获得快乐而成功的人生。

曾经有学者通过研究得出了著名的"鲨鱼效应"。研究表明，生活在大海中的鱼需要借助鳔才可以自由自在地进行沉浮，可是缺乏鱼鳔的鲨鱼，为了避免自己沉下去就必须不断地进行游动，时间久了，它们身上的肌肉变得越发强壮，体格也变得越发大了，最后成长为了"海洋霸主"。

现实生活中也是如此，如果我们能善加利用，劣势也会转化成我们无敌的优势。

一个年龄只有10岁的美国小男孩，名字叫作里维。他十分迷恋柔道，然而一次车祸使他丧失了左臂，但是他不甘心就此放弃柔道的学习。后来，他找到了日本柔道大师，并且成为了其弟子。原本他的身体基础很好，但是，已经练了3个月了，师傅仅仅教了他一招，这让里维有些不能理解。

有一天，他实在忍不下去了，就向师傅询问："师傅，我是否应当再学习一下别的招数？"师傅给出的回答是："是的，你确实只学会了一招，但是你只需要将这一招学会就行了。"

那个时候，里维并不能明白师傅的意思，但是他对师傅十分信任，于是就继续按照师傅的吩咐练习下去。转眼几个月过去了，师傅首次带着里维前去参加比赛。就连里维本人都想不到自己竟然会如此轻松地赢了前两轮比赛。到了第三轮的时候，他觉得稍微有些困难，但是对手没多久就变得十分急躁，连续发起进攻，里维十分敏捷地将自己的那一招施展出来，结果他又取得了胜利。就这样，里维成功进入了决赛。

与里维相比，决赛的对手长得更加高大、更加强壮，并且也更有比赛的经验，这让里维感觉有些招架不住。裁判担忧里维会被对手打伤，就喊了暂停，并且准备就这样结束比赛，但是，师傅表示反对，并且坚持要求："将比赛进行到底！"

于是，比赛又重新开始了。对手觉得自己可以十拿九稳地打败里维，就放松了警惕。里维马上将他的那一招使了出来，没多久就将对手制服了，这场比赛结束了，里维如愿以偿地摘取了冠军的桂冠。

回家的路上，里维鼓起勇气问师傅："师傅，为什么我凭这一招就能赢得冠军？"师傅答道："原因有两个：第一，你几乎完全掌握了柔道中最难的一招；第二，据我所知，对付这一招唯一的办法就是对手抓住你的左臂。"

　　失去左臂本是里维的一个缺陷，然而在柔道比赛中，里维最大的劣势却成了他最大的优势。因此，面对自身的弱点或者缺陷，我们千万不能轻易地选择放弃。只要坚定地相信自己可以战胜，生活就会对我们很好的。消极悲观的情绪会让一个人在前行的道路上与目标偏离，从而减缓抵达成功的速度，只是一个劲儿地沉浸在失败的痛苦中无法自拔，对什么都失去兴趣，对什么都丧失信心，逐渐地与多彩多姿的生活远离，慢慢地与人们疏远，从而将自己困在一个孤独的城堡中。相反，如果可以正视自身的弱点，并且做到扬长避短，才能够成为最后的大赢家。

　　周信芳是一位十分有名的京剧表演艺术家，同时也是麒派艺术的创始人。在他的表演艺术慢慢趋向成熟、一天天完美的时候，糟糕的事情发生了：他的嗓子哑了。对于一个以唱功为主的须生演员而言，这无疑是一个致命的打击。因为这个原因，有的人被迫转行或者凭借耍花腔进行遮丑。

　　但是，周信芳并没有因此而气馁，也没有选择耍花腔的取巧方式，而是下定决心开辟出一条全新的路子。他十分冷静地对自己的嗓音条件进行了分析，在经过慎重的思考之后，决心在唱腔上追求气势，学习"黄钟大吕之音"。

　　为此，他首先在练气上花费了大量的工夫，实现了发声气足而洪亮，咬文喷口而有力的效果；又在体味角色的思想感情方面特别努力，将人物的性格与气质准确地表现了出来。经过长时间的钻研与探索，周信芳不但没有受到"嗓子哑了"的限制，反而形成了苍劲有力、韵味十足的特色，创造出了与众不同麒派艺术，受到了众人的喜爱。

由此可以看出，倘若我们以自己的缺点为基础，努力地进行修缮，那么就能够做到扬长避短。

托尔斯泰说过这样的话："大多数人想改造这个世界，但却极少有人想改造自己。"如果一个女人能够改变自己，就意味着理智的胜利。能够改变、完善并且将自己征服的人，就有力量战胜所有的挫折、痛苦以及不幸。如果我们想要收获巨大的成功，活得潇洒而快乐，首先要做的就是读懂失败与痛苦。

一个取得成功的女人的聪明之处就在于，她擅长通过历史、现实以及他人对自己的建议进行剖析、调整与完善。因此，亲爱的女性朋友们，别再觉得自己就是一个不起眼的弱者了，要勇敢地向自己的弱点或者缺陷发出挑战，努力地改正自己身上的问题，让自己变成一个魅力无穷的女人。

任何时候，
都不能破罐子破摔

在现代社会中，除了男人之外，女人也要面对异常激烈的职场竞争、无比沉重的生存压力，于是，各种各样的病魔趁机来袭……随着身上的压力变得越来越大，女人们越来越容易产生挫折感。面对这样的情况，每个女人抱有不同的心态，其最终的结局自然也就不一样了。

有的女人一旦陷入生活的低谷，就会意志消沉，"破罐子破摔"，她们绝望地想："我怎么如此不幸，要遭受这样的苦痛"，她们整天抹泪，怨天尤人，可是，这样对于面前的困境没有丝毫的帮助和改善。

而另一些女人的表现却让旁人欣赏，她们不温不火，不急不躁，也不会向人抱怨、终日颓靡地以泪洗面。也许她们表面会比平常要沉默一些，但她们心底的意志却从未消沉，她们始终坚信，逆境是生活对自己的一个考验，如果能够在逆境面前都守住心底的天平，那么，美好的未来一定在前方不远处。

其实，不管身处顺境还是逆境都不重要。重要的是处在不同的环境中，我们的心态如何。逆境，不是绝境；顺境，亦不是一劳永逸。处于顺境，要懂得充分利用优越的条件，抓住机遇，发展自己不是一蹴而就。而身处逆境就更要有坚强的毅力和积极进取的精神。

在人生道路上，顺境和逆境往往是交替出现的。女人们要学会在逆境中不消沉，积极与逆境作斗争；在顺境之中保持清醒的头脑，抓住机遇，扬长避短，才能最终拥有自己想要的成功。

杰克·邓普塞仍然清晰地记得把重量级拳王的头衔输给了金·童黎的那一仗。当第十回合完了之后，尽管杰克·邓普塞还没有被打倒在地，但是他的脸已经肿得很厉害了，而且还有不少伤痕，两只眼睛已经基本上睁不开了。他清楚地看到裁判员将金·童黎的手举起来，然后大声地宣布他获得了胜利，金·童黎取代自己成为了新一代的拳王，赛后他在雨中独自回家的身影分外落寞。

一年过去了，杰克·邓普塞再次与金·童黎在赛场上相遇，最终的比赛结果依旧是这样。有一段时间，杰克·邓普塞因为这件事情显得十分消沉，但是，最后他还是暗暗地鼓励自己：我不能就这样生活在以前的阴影中，我必须要承受住这样的打击，我必须马上振作起来。

于是，杰克·邓普塞努力地将失败忘掉，集中所有的精力谋划着自己的未来。他经营过百老汇的邓普塞餐厅与大北方旅馆，他安排与宣传过拳击赛，举行与拳赛有关的各种展览会。终日忙碌充实的生活让他再也没有多余的时间和心思去为过去发生的事情忧心了。

女人们你要明白，人生在世，失败是很正常的一件事情：失败是成功之母，失败是通往成功的必经之路。我们不要把失败想象得那么可怕。虽然失败告诉我们，这条路禁止通行，但是它反过来又告诉我们，还有别的途径让我们去尝试。

曾经有个叫玛丽的女孩，她刚刚从祖父那里继承了一座"森林庄园"，然而在一夜之间，一场雷电引发的山火，将庄园全部烧毁，玛丽陷入了一筹莫展的境地。她经受不住这样沉重的打击，整日闭门不出，也不吃饭，眼睛也浮肿了起来。

半个多月后，年逾古稀的外祖母知道了玛丽的境况。她意味深长地对玛丽说："姑娘，庄园变成了废墟并没有那么可怕，可怕的是，你的眼睛从此丧失了光泽，一天天地衰老下去。一双逐渐老去的眼睛，是不可能看到希望的……"在外祖母的说服下，玛丽终于想通了。

她独自一人从庄园走出来，在街上闲逛。在街道的一个拐弯的地方，她看见一家店铺门前有很多人。原来，有很多家庭主妇正排着队要买木炭。看到那躺在纸箱中的一块块木炭，玛丽的脑海中突然闪现出一丝光亮。接下来的两周内，玛丽花钱雇佣了几个有经验的烧炭工，对自己庄园中已经烧焦的树木进行加工，使之变成优质的木炭，然后再送到集市上进行销售。结果，玛丽的木炭被迅速地抢购一空，她获得了一笔数额巨大的收入，然后，她又利用这笔钱购买了大量新树苗，就这样，一个规模不小的全新庄园诞生了。几年之后，玛丽的"森林庄园"再一次绿意盎然。

许多女人在面对挫折的时候总是下意识地选择悲观失望，意志消沉，对自己的未来心灰意冷，失去向上的信心。其实，这大可不必，要知道，挫折有时也许是一个良好的开端，"风筝与强风对抗，方能升向高峰"。海明威亦说过："一个人可以被击败，却不可能被战胜。"

女人们，失败并不可怕，怕的是我们失去战胜困难的决心和勇气。人生一世，谁没有起起落落的时候呢？但是，越是遇到困苦磨难的时候，我们就越应该打起精神来积极面对。我们一定要坚信，每一件折磨你的事情，每一次你所经历的挫折，都能够很好地磨炼你的意志，都是一个向上突破的机遇。因此，女人们要谨记：时时刻刻，不要让自己的意志消沉！

希望如春风，
可拂面也可暖心

在现实生活中，希望常常能给予人超强的力量。作为一个女人，最大的悲哀就是，她对人生丧失了希望，每天都生活在消极、悲观的情绪当中。希望犹如春风，能把冰冻的山河融化，给万物重生的力量。

第二次世界大战时期，在集中营里，一位饥肠辘辘的画家，在一个偶然的机会里幸运地得到了半块面包，但他并没有把面包吞进肚子。他捧着让人垂涎的美食，去换取了自己生命中更需要的东西——一张纸和一支碳素笔。他必须作画！因为如果没有画中的太阳照耀，他的灵魂就会先于他的肉体饿死。在生死攸关的时候，饥饿难耐的画家需要的是太阳，即便是画出来的太阳。

在圣诞节的夜晚，一缕微弱的烛光就能够让即将赴死的囚徒大声地唱歌，看到希望的曙光。在远离了饥饿与战火的今天，我们的心灵有的时候也有可能陷入各种各样无形的泥沼。

此时，我们需要借助一支能够抵御饥饿的画笔与半截可以带来温暖的蜡烛，赠送给自己一份充满诗歌与明亮色彩的礼物——希望。经过它的无私照耀，一颗又一颗普通而平凡的心灵都一一达到充满阳光的殿堂。

推荐各位女性朋友们去观看一部叫作《肖申克的救赎》的影片，那里面所描述的希望带给人的力量与坚持让人震撼。

故事的背景是在一个充满黑暗的监狱中，于平静中暗藏着惊心动魄的潜流，主人公怀揣着希望，沉着、稳健、忍辱负重，故事的叙述相当的有张力：当监狱长用一块石头得知主人公越狱的秘密后，那满脸不可思议的神情；当主人公获得自由，迎着风雨撕扯着身上衣服的时候，给人一种强烈的心理冲击。看到此时，你会恍然大悟，原来他自进监狱的那一刻起，就开始为奔向自由的时刻在做准备。整整20年的时间，当监狱里其他人一个个都放弃对自由的渴求时，主人公在困境中一直没有放弃希望，这就是希望的力量，渴求自由的力量，在这种力量的支撑下，是可能发生奇迹的。

当然了，故事的结局皆大欢喜，主人公以恶治恶，正义得以伸张，尤其最后主人公与费里曼海边相会的那一刻，足以让人感动流泪。他们得到了希望中的生活，而这正是他们怀揣希望所得到的生活的赠与，这种希望的力量足以烁金！

女人们要懂得，任何时候，都不应该放弃希望，因为只有它可以让你充满热情、兴致勃勃地度过每一天。

希望是一种宝贵的财富，在顺境中，它让你更有激情；在逆境中，它是你坚持下去的理由。人生因为有了希望而变得更有意义，因为只有带着希望生活的人生才有奔头。正是因为有所期待，才能用心地追寻，并且在这个过程中得到快乐。

一位女作家接受邀请前往美国访问，在纽约街头遇见了卖花的老太太。这个老太太穿着十分破旧，并且看上去非常虚弱，但是，她的脸上却挂满了喜悦的笑容。女作家挑选了一朵花之后，说道："你看上去很开心。"

"为什么不高兴呢？世界是如此美好。"

"看来，你承受烦恼的能力很强。"女作家又说，但是，老太太的回答却让女作家很吃惊。"耶稣在周五被钉在十字架上时，是整个世界最糟糕的一天，但是三天之后便是复活节。因此，每当我遭遇不幸的时候，就会耐心地等待三天，一切就会恢复正常了。"

"等待三天"，这是一颗看似平凡实则不平凡的心……

的确，人生不可能总是风调雨顺、温暖如春，总是会出现些许不幸、些许烦恼。实际上，任何人的心都好像是一颗漂亮的水晶球，可以发出晶莹的光芒。但是，一旦遇到不幸，有些人就会陷入黑暗深渊中，慢慢地沉寂；而心怀希望之人，往往可以将五彩缤纷的光芒折射到自己生命的每个角落。一个女人只要有颗不放弃希望的心，在困境中依然保持一份积极的心态，那么她心中总会充满着快乐。

在逆境中，希望有时候比食物和水更容易让你生存下来，要知道心灵的力量是最强大的。如果人生失去了希望，将是多么的黑暗悲惨。一个有着阳光心态的女人，懂得怀抱着希望在追梦的道路上认真地体会痛苦、感受欢乐、品位人生的百味，最后找到真正属于自己的幸福。一个心怀希望的女人不会因为挫折与磨难而将好心情丢掉，不会随随便便去抱怨周围的一切，她会满怀希望地迎接美好的未来！

第 2 章

远离平庸，
远离脸上的细纹和沧桑

没有美貌，
就多点智慧

在这个世界上，大多数人都过着平凡的生活。但是，平凡生活中的点点滴滴都具有其独特的意义。某些发人深省的人生箴言就藏在某个小角落中，等着拥有慧眼之人去发现与领悟。而那些粗枝大叶的人却经常会将那些在细节中展现出来的人性真理遗漏。

作为女人，可不能每天傻傻地过日子，任凭时光匆匆地流失，只在自己的脸上留下难看的细纹与内心深处磨灭不掉的沧桑。

关于林徽因，有她的很多"粉丝"，他们不厌其烦、一遍又一遍地追溯她的足迹，竭尽所能地想要再多了解她一些。在他们看来，林徽因就是貌美如花、才学兼备的典范，是美貌和智慧的化身。

林徽因不仅是一个浪漫的诗人，而且也是一个十分严谨的建筑师，同时还是一个非常灵动的艺术家。她的言行举止为中国新时代女性塑造了新的形象，即便放眼当代，能与其比肩的人也是寥寥无几。

林徽因之所以会具有如此"多重"的性格，很大一部分原因是由于她的那段充满酸楚的童年所致，那段时光对她的一生影响巨大。

林徽因的父亲林长民是那个时候的先锋人物，他不仅是一个才高八斗的学者，而且也是一个极具权威的官吏。他所具有的壮志凌云深深地感染了自己的女儿林徽因，促使她逐渐地成长为一个怀有远大理想、拥有极大抱负的女人；他身上散发出来的多情与冷酷也让女儿林徽因深深地体会到了世间的人情冷暖与世态炎凉。

作为林长民的女儿，林徽因可以说是骄傲的。

林长民从小就进入林氏家塾中读书，他的老师就是阁中名士——林纾，这也是林长民与西学知识接触的开始。光绪二十三年，林长民通过科举考试中了秀才，但是为了自己的远大志向，他毅然决然地放弃了秀才，自己在家中潜心研读英文与日文，他的父亲为了帮助他，还专门花费大量钱财为他请来了两位外教。林长民学成后就去了日本早稻田大学继续读书，直到1909年他才回到自己的国家。

作为何雪媛的女儿，林徽因可以说是悲情的。

与饱读诗书的父亲林长民相比，母亲何雪媛是一个完全不同的人。她出生在浙江小城嘉兴，父亲是一个小作坊的老板，拥有着还算殷实的家境。因为何雪媛是家中最小的孩子，所以也最受宠，久而久之就使她养成了任性刁蛮的性格。不仅如此，何雪媛对女红一窍不通，并且最为可悲的是，她非常不喜欢读书。

　　倘若其他地方还可以勉强迁就的话，那么由于缺乏知识熏陶所造成的文化隔阂，却在不知不觉地变得越来越明显。相较于林长民母亲游氏的聪敏贤惠，林徽因的母亲是那么不值一提。

　　最为尴尬的是，林长民主要是为了子嗣，为了延续香火，才纳何雪媛为妾的。而何雪媛虽然为林长民生了一个儿子两个女儿，但儿子与其中的一个女儿夭亡了，唯独林徽因活了下来。或许从孩子夭折的那一刻开始，就注定了何雪媛在林家的地位会是卑微的。

　　1909年，林长民从日本归国后，带着自己的姨太太与女儿林徽因搬到上海居住，从此拉开了他的政治生涯的序幕。林徽因的好友费慰梅这样写道：

　　那时徽因才五岁。她一直与父亲分离，也没有姊妹，只与母亲住在杭州，被一群成人包围着。她是个早熟的孩子；她的早熟或让家里的亲戚们视她为一个成人，如此误了她的童年生活。父亲回来必定使女儿欣喜，而这个女儿伶俐、欢快和敏感的性格必定也令父亲着迷。想来是上海的岁月使这父女俩亲密起来的。一九一二年这家人又搬到北京。父亲仕途顺畅，任职于须史变迁的各种政府。然而此间他却面临一个苦恼：始终没有儿子，即这个家族的后嗣。他从福建娶来第二房姨太太，极迅速地为他生了一女四男。

　　对于林家而言，添丁可是一件非常重大的喜事。林父林母可是盼了好多年了。所以，二姨太得宠也就变得理所当然了，别人也没有资格对其说三道四。

　　而这对于林徽因母女而言，却预示着她们的生活即将陷入更加灰暗中。虽然她们不想去面对，但却不得不面对这样的境遇。

从宽敞的前院不时地传来孩子们快乐的嬉笑声，传入林徽因母女的耳中。这嬉笑之声是那样的无拘无束，但对于林徽因母女而言又是那样的残忍。母女二人在如此强烈的反差下备受折磨，别人轻而易举就能得到幸福，却是她们母女无法企及的。

前院的后面是一个非常狭窄，并且十分阴冷的小院，这就是林徽因母女的住处。相较于前院，好似两个完全不一样的世界，那里充斥着与前院完全相反的氛围。

整个林家都将何雪媛遗忘了，遗忘在了那个小院中。在林徽因的记忆中，满满都是母亲何雪媛的抱怨、指责以及她紧皱的眉头与流不尽的眼泪。

母亲是不是幸福，对于子女的成长有着直接的影响。父母的恩爱和谐在无形中滋养着子女的心灵，即便孩子年纪还很小，但也能够十分敏锐地捕捉并感受到外面的变动以及大人们的情绪。

对于母亲的苦楚，小小年纪的林徽因自然是理解的。在那么大的林家再也没有第二个人会关心自己的母亲了。生活在林家，却丝毫不受重视，就好像是一个外人似的。

林徽因用自己略微稚嫩的眼光见识了大人世界中的诸多无奈。对于母亲，她也是很心疼的，却也实在不能忍受母亲成天没完没了的抱怨。在母亲的冷言冷语中，林徽因慢慢地形成了独立自强的性格。

对于女人来说，嫉妒是一种天性，这在母亲何雪媛身上体现得淋漓尽致。林长民不仅悉心照顾着二姨太，而且什么事都顺着二姨太。这惹恼了何雪媛，她的每一天似乎都在经历着审判，她的生活变得十分漫长，也十分辛苦。

林徽因明白，母亲何雪媛很不甘心，她深深地爱着自己的丈夫，急切地渴望得到丈夫的关爱，即便只有一点点，也能够让她欣喜若狂。但是，她越是想要得到，就越是不明白温柔地退让。

林徽因在亲眼看到了父亲对二姨太那么疼爱，而对自己的母亲那么冷漠之后，就知道自己应当怎样在家族当中立足。

林长民早年前往日本去留学，回来之后就参加了辛亥革命，革命取得胜利之后，他的仕途一直很顺畅。因为父亲的升迁，他们的家也从杭州迁到了北平。

随着时间的流逝，林徽因迅速地成长起来，开始分担一些力所能及的家务，也开始通过自己的力量来尽可能地争取自己在家里的地位。全家人暂时居住在天津的时候，她变成了全家人的主心骨，不动声色地将家中将近一半的重担承担了起来。她不仅照顾着两位母亲，同时也照料着几个弟妹。

母亲的处境越来越让她看清楚，倘若再这样坐以待毙下去，那么她最终的结局极有可能与母亲一样。环境逼迫着她快速地长大，她也暗暗地鞭策着自己快点成熟起来。

她从一次又一次无比冰冷的现实中醒悟，在林家，可以依靠的人只有自己。

有一次，她生了很严重的病，十分虚弱地躺在病床上，迷迷糊糊中听见母亲有意识地压低声音向管家要钱。母亲希望每个月在生活费以外能够再额外贴补一些药费。这个理由原本是很正当的，但是管家却一口拒绝了。遭受拒绝的母亲马上将音调抬高，什么都不管地与管家争吵起来，但最终结果仍然没有任何的改变，仍然没有得到额外的钱。

这让林徽因深深地看清楚了她们的现状，受到宠爱的人稍微皱一下眉头，马上就会被人心疼，而不受宠的人只能遭受这样的待遇，就连下人都不会顾及一丝一毫的主仆情谊，没有一个人理会她们的痛。

母亲那里是指望不上了，她只有自己不断地努力，努力，再努力，才能让自己变得更加优秀。不然的话，她可能真的会重复母亲的老路，被遗忘，被抛弃。

她默默地观察着身边的一切，暗暗地盘算着自己将来的出路。她没有认命地接受现实，也没有像母亲那样整天抱怨。她的心中很清楚，唯有改变自己，才能够将这冰冷的现实改变。

林徽因不向命运屈服，她要努力地挣脱，要进行自我救赎。她慢慢地掌握了讨长辈们欢心的技巧。她非常勤奋地做功课，抓住每个能让自己学习的机会来充实自我。她学习处理家务，她将原本十分烦琐的家务弄得井井有条。

要说不辛苦，那是不可能的，但收获也是很大的。后来，就连二娘程桂林都承认，父亲最宠爱的孩子是林徽因。

尽管她一直希望得到父亲的宠爱，但是这也给她带来了新困扰：一边是无与伦比的父爱，一边是遭遇失宠的母亲，她夹在中间，十分为难。她没有能力说服父亲与母亲和好，也没有办法说服母亲主动行动，重新赢得父亲的信任。

她看见了父亲与母亲之间的隔阂，也通过这一幕又一幕辛酸看见了人世间感情的薄凉。

千万不可蒙着眼生活，有的曲折需要我们将眼睛睁大看清楚，然后稍微地将折射回脑海的影像整理一下，就会变成一部重要的心经，为你指引着未来的方向。与此同时，我们还应该坚信，上天不会让用心生活的人等待太长的时间。

16岁是林徽因蜕变的转折点。

像往常一样，林徽因又收到了父亲的信。在这封信中，父亲提出要带林徽因前往欧洲进行远游。从前的酸楚日子没有让林徽因落泪，而现在知道父亲要带她远游的消息后，她情不自禁地哽咽了起来。这是不担心他人嘲讽的泪水，是对她最好的奖赏。

当同时代的女孩还挣扎在贫穷与无知当中时，她是多么幸运可以走出国门，前往欧洲游历。

她想尽一切办法，用尽一切力气赢得了父亲的喜爱，正是这份喜爱将她的命运改变了。

林徽因与父亲乘坐邮船到达了法国之后，就开始了长达4个月的游历生活。一路上，他们走走停停，到过巴黎、罗马、日内瓦、法兰克福以及柏林等。每到一个地方，林徽因就会深切地感受到自己的内心世界变得更加充实了，整个灵魂也变得更加饱满了。

在父亲林长民的身边，林徽因充当着小翻译与小女主人的角色，代替父亲接待各个来访的宾客，与父亲一起参加各类社交活动。前来林家拜访的人，都是精英中的精英，比如，小说家哈代、史学家威尔斯、美女作家曼殊斐儿以及新派文学理论家福斯特……

林徽因在接待宾客的时候表现得十分热情，也十分有礼貌，与此同时还成为了他们认真而专注的倾听者。他们滔滔不绝、引经据典，这一切都对林徽因产生了重大的影响。

旅行结束之后，林徽因就与父亲定居在了英国伦敦。这个时候，她身上慢慢地显露出了江南女子的灵动与秀气，很多见过她的西方人都说她"漂亮就好像一个瓷娃娃"。

如果没有昔日的努力，那么就不可能有今日的林徽因，更不会有将来的林徽因。

林徽因对于母亲的孤独无助很是心疼，对于父亲明显的偏爱很是厌恶，但是她也对母亲悲催但却不知道进取的一生感到伤心。母亲纵然十分可怜，却也并非是一个完全无辜的人。

她最聪明的地方就在于在看待父亲时不偏激，在看待母亲时也没有一味地偏袒。她通过自己的眼睛，将问题的症结找到了。她不甘心自己一辈子平庸，也忍受不了像母亲那般活着。

那些在自己的心中呐喊过一百次、一千次，但最终却没有能够说出口的心事，让圈圈年轮埋没了声响；那些不断地在耳边回荡的低语声，催促着她努力奋斗，不断进取。

生命的真谛并不是神秘而很难捉摸的，可能与我们仅仅只有一线之隔，正等待着我们将它神秘的面纱掀开，看清楚生活，看清楚自己，同时也看清楚那些无关紧要的琐碎。

纵有万般柔情，
不及坚守前行

女人天生就拥有万般柔情。在这个世界上，女人存在的意义，不仅仅是一针一线、一饭一菜那么简单，要知道，女人的世界并非只局限在厨房中。

早期，女人在采集方面是高手，男人在狩猎方面是高手。在这个飞速发展的社会中，女人的成长中充斥着迷茫与混沌。作为女人，应当怎样破解狭隘，捕捉真实呢？其实答案很简单：走出去，用心地看看外面真实的世界。

林徽因的聪明睿智、博学多才，享誉至今。走近林徽因，你就会发现，在她的成长道路上，一次次地突破有限的地界、突破自己的眼界、突破自己的心灵，才促成了后来那个拥有坚定信念、执着无畏的精神的林徽因。

回顾那久远的年代，当林徽因还只是一个刚满5岁小女娃时，就跟着自己的祖父母与姑母搬家到了蔡官巷。在一座十分清静的宅院中，大姑母林泽民首次将书籍摊开在林徽因的面前。她天真无邪地睁着眼睛，漫不经心地打量着已经泛黄的纸页，心中想的却是玩耍的事情。

那个时候的林徽因还没有发现书中的世界与外面的世界有什么不同。与不能动弹的书本相比，她更喜欢院子里那些叽叽喳喳不停叫唤的鸟儿。

时间在时钟不断地摇摆中悄悄地流失了。

南京临时政府成立之后，父亲的工作也有了调动，于是，全家人就一起搬到了上海的虹口区金益里居住。当时，林徽因已经到了上学年龄，就与自己的表姐妹们一同到附近的爱国小学学习。从此，她的学生时代拉开了序幕。

没过几年，全家人又迁居到了天津。林徽因告别了小学生的天真无邪、活泼烂漫，开始进入英国教会创办的培华女子中学学习。活泼可爱的林徽因，在上课时开始认真听讲，在下课之后与姐妹们一起玩耍嬉闹，带着懵懵懂懂的少女小情怀，感受着不同的时间与地方所带来的生活上的变化。

从顽皮的孩童，慢慢地成长为青涩的少女，林徽因跟着家人从一个地方迁居到另外一个地方，从北京到天津，从天津到上海，这几个地方的风土人情是截然不同的，教育理念与方式也是各式各样的，这些都帮助这个可爱的少女打开了对未知世界的展望。

搬家、转学，可能是十分平常的事情，但是新鲜事物所带来的新鲜感与冲击感，最终都会以不相同的形式印在林徽因的心中，成为以后游弋的起始点。

倘若说在一个国家中，不断地变换城市，还仅仅算是通往大千世界的一小步，世界地图在她的眼前仅仅展现出了一个小角落罢了，那么，后来的异国远行，则完全使她的身体获得了自由，使她的眼界得到了开阔。

对于青涩的林徽因来说，到国外读书求学是一件梦寐以求的事情。她非常迫切地想要走出去，看看外面的世界是什么样的，是不是真的像别人所说的或者像书本中所描述的那样变化莫测、光怪陆离？她想要走出去，亲自去弄清楚，亲自将那神秘的面纱揭开。

幸运的是，出国游学的机会并未让她等待太长的时间。

1920年，林徽因年满16岁，正是花一样的年龄，正对所有的事情充满了好奇心与无限热情，急切地想要到没有去过的地方看一看。

也正是在这一年的春季，父亲接到了前往英国讲学的邀请，向来聪明懂事的林徽因自然就成了父亲重点培养的对象。她跟着父亲来到瑞典参加了国联会，然后又一刻不停地从法国转到了英国，住在了阿门27号，开始了他们的观光旅行。

巴黎、罗马、日内瓦、柏林以及法兰克福等，这些在那个时候中国人中很少有人知道的名字以及那充满了异国风情的建筑与美景，都在林徽因的脑中一一定格，给了她一种全新的感受。

林徽因对东西方的古典建筑之间有着如此大的差异非常惊奇。她的眼睛一眨不眨地看着那些或奔放或沉静的建筑，细细地品味着其蕴含的意味，其内心的感触也在逐渐地得到升华。

这些从来没有真实地感受、接触过的景象，印在了林徽因的眼中与心中，让她从原本有限的地域中冲出来，与世界之间建立起了一种新的联系。与此同时，她也开始运用新的眼光对自己所处的世界进行审视。这片宽广的天地，不但帮助她拓宽了眼界，还为她支撑起了通往世界的一座桥梁。

女人就应该经常走出去，到不一样的地方看一看，与不一样的人进行交谈，观赏不一样的风景，体味不一样的人生。尽管仍然在同一片蓝天之下，但是身在异乡异地，感官上的体验肯定会为你的心灵带来很大的触动。

或许到了这个时候，你才会惊讶地发现，原来生活了很多年的那片小天地，并非世界的全部；困扰你多时的各种束缚与羁绊，也并非人生的全部。当你将这一切看清楚，将自己的执拗与虚妄放下之后，才能够坦然地继续前行。

受到了极大鼓舞的林徽因在9月份结束了此次旅行，返回了英国伦敦，将放飞的心思收了回来，并且因为优秀的成绩被圣玛丽女子学院录取，正式开始了她的首次短暂的游学旅程。

对于林徽因而言，在21岁的时候和梁思成一起前往美国，进入宾夕法尼亚大学学习的经历，才算是真正地将手脚放开，跳过了中西方之间的隔阂，找到了适合自己成长的新土壤。

正是这片土壤赋予了她全新的知识与视角，她小心谨慎、一点一滴地重新对这个世界进行认识，对这个世界进行了解，重新对周围的一切进行定义。

那个时候，林徽因的愿望是去建筑系学习，非常可惜的是，宾夕法尼亚大学建筑系不要女学生，因此，她在不得已的情况下选择了美术系。

由于优异的成绩与扎实的功底，林徽因一入学就直接上了三年级。因为美术系和建筑系都属于美术学院，加之梁思成在建筑系学习，所以林徽因十分顺利地成为了建筑系的旁听生，她的心愿也得到了满足。也正是由于这样的旁听，才为新中国培养出了一个优秀的女建筑学家。

身在异国学习的林徽因，为了使自己的大学生活变得更加充实，就与同样是留学生的闻一多一同加入了"中华戏剧改进社"，他们的目的在于把中华戏剧发扬光大。

1927年，林徽因结束了宾大学业，顺利得到了学士学位后，就前往耶鲁大学戏剧学院学习，跟着名声斐然的G.P.帕克教授学习舞台设计，从而成为了中国首个在异国学习现代舞台美术的女留学生。

由于超强的天赋、扎实的美术功底、良好的建筑基础以及天生热心、喜欢助人为乐的性格，因此，每到交作业的时候，她就成了不少人眼中救人于水火的女菩萨。在这个全新的领域中，林徽因收获了普通人很难见到的景致，这是她以前从来没有注意到的世界。

那个时候，她用书籍与阅历作为基石，一步一步地走向了新的高度，开始用越来越独到且成熟的头脑与眼光描绘着世界。

作为女人，不管是身体，还是心灵，千万不能将其禁锢起来。倘若没有到别的地方走一走，那么你就一定不会知道还有与今时今日不一样的生活；也不会明白可以有与以往不一样的活法。

如果你的身体被束缚了，那将是一件可怕的事情。看惯了周围的种种，即便将眼睛闭上也可以自由地行动，也正因为这样，才没有办法领略别的地方的花开花落；如果你的心灵被束缚了，那将是一件更可怕的事情。缺乏对新事物进行探寻的想法，心甘情愿地围着柴米油盐转，就会忘记作为女人有享受炫彩多姿生活的权利。如果你要想将一切真实都看清楚，那么你就需要不停地去体验、去比较、去尝试新的事物，不停地刷新自己的眼睛和心灵。

　　在美国式生活的影响下，林徽因的眼界得到了大大的拓展。但是，她的朋友们却对此很是担心。比如徐志摩曾经担心异国生活会将林徽因宠坏，让林徽因变得不像自己。徐志摩说得没错，但他说的也并不完全正确。林徽因确实已经不再是当初的她，但这三年的异国生活并没有宠坏林徽因，反而让她在增长了见闻之后，从之前那个喜欢做梦，并且带着些许虚荣的大小姐，蜕变成为一个可以独当一面的女人。

　　胡适曾经当着林徽因的面对她称赞道："老成了好些"。这也充分地反映出林徽因从理想主义阶段完美地步入了现实主义阶段，开始凭借自身储备的知识与生活中获得的阅历，去应付百态的人生，在真真假假当中寻找到真实。

　　世界到底是什么样的面貌，需要我们自己去慢慢地探索。作为女人的我们，如果整天困在一个小天地中，那么时间长了，我们的思维模式就会变得十分固执，十分呆板；在看待事物的时候，我们的眼光也会是传统而呆板的。以往坚信的可能并不是完全正确的，而一旦掉入了自己的判断中，不能看出差别，那么也就没有办法看到真实了。

　　因此，女人们，抽点时间走出去，看看外面的世界吧。把很长时间都不曾拥有的自由，还给自己的身体与心灵，以一种全新的姿态去迎接、感受真实的世界与真实的自己。

曾经的天荒地老，
怎能被琐事消融

时间飞逝，转眼已经过去了几十载，在人生的道路上充满了无尽的变数，接连不断的困惑好像一张又一张无形的大网，让人们陷入深深的彷徨中不可自拔。在面对接二连三的未知和不解的时候，人们不得不与苦恼进行斗争。

我们在一个又一个十字路口前不安地驻足，不时地张望，努力地将内心深处的忧虑与恐慌平息，尝试着将纷繁复杂的思绪整理清楚，然后做出最为正确，也最不可能后悔的选择。

的确，无论男人还是女人，也不管老人还是孩子，其内心深处都无比向往着安稳的生活。特别是女人，更希望自己的人生之路少一些坎坷与磨难，如果能够一帆风顺，那么就更完美了。但是，事事顺心终究只是一个听起来十分美好的愿望而已。

也正是由于人生没有办法从头再来，因此每一次的选择都伴随着不可预知的风险。于是，人们不免会很惊慌，很紧张，也很迷茫。尽管很多人表面上看起来平静如水，没有一丝一毫的波澜，但是他们心中却强行压制着极大的起伏与澎湃。

谁都不愿意轻易地下结论，更不愿意走错一步，但是结果却极有可能是每一步都走错。仅仅只有一次的人生，没有一个人愿意有半分的差错，宁愿小心、小心、再小心一点儿，也不愿意在未来的日日夜夜中暗暗地独自后悔与懊恼。

当我们犹豫不决的时候，可以听从自己心灵的指示，将千万头绪与各种猜疑抛开，在各种各样的不确定中坚定一个选择。

中国近代是一个杰出人才不断涌现的年代，曾经那些耳熟能详的名字，他们不平凡的事迹一直被人们传颂着，他们的故事将一代又一代人的心都征服了。

当然了，林徽因与徐志摩之间的感情故事是很为人们津津乐道的。人们凭借着为数不多并且有真有假的资料对他们的过往进行揣测，怀着强烈的好奇心对那段真假难辨的历史进行着打探，不甘心仅仅是道听途说以及某些遮掩不清的说辞，似乎一定要将最符合心意的版本找出来才罢休。

然而，不管林徽因是否曾倾心于徐志摩，抑或是林徽因与徐志摩只是心灵上的知己，不可争议的事实是，林徽因自始至终都没有接受，也从未承认过自己与浪漫诗人的爱情。她选择的是梁思成，爱的是梁思成，相伴终老的也是梁思成。

夫妻二人磕磕碰碰，一同走过了二十多年。清晨的每一缕朝阳，黄昏的每一片霞光，都是她与他一起迎来和送走的。她的坏脾气，只有他在默默承受；她的温柔，也只有他最懂。

在这段美好的时光里，谱写着她与梁思成琴瑟和鸣、相濡以沫的爱情和婚姻。

24岁那年，林徽因与梁思成结为连理。从此，她成为他的妻子，将未来与苦乐相关的一切托付给这个男人。她爱他，这是她笃信的事。

纵使感情之路并非一帆风顺，一对年轻气盛的男女，性格的磨合期并不短暂，但她没有轻言放弃，没有放弃爱情，没有放弃梁思成。她无悔当初的选择，用一颗真心捍卫着爱情。

林徽因与梁思成，在性格上可谓是两个极端，争吵是在所难免的。然而，也正是这迥然不同的两个人，才是最互补、最相得益彰的搭配。

在梁思庄的女儿吴荔明眼中："徽因舅妈非常美丽、聪明、活泼，善于和周围人搞好关系，但又常常因为锋芒毕露表现得以自我中心。她放得开，使许多男孩子着迷。思成舅舅相对起来比较刻板稳重，严肃而用功，但也有幽默感。"

一向崇尚自由的林徽因，即使在爱情里，也要争取最大限度的自由。她有着极佳的人缘，也常常陶醉在众人的殷勤里，笑对旁人的艳美和赞美。女人的天性使然，哪个人不希望自己是最受欢迎、备受瞩目的那一个。

一方洋溢着热情，一方冷落着热情，两人间的矛盾无可避免。大学第一年是最为激烈的阶段。梁启超曾说："思成和徽因，去年便有好几个月在刀山剑树上过活！"

刀光剑影的日子里，两个人经历着磨合的痛苦，也愈发体会到彼此真挚、牢固的感情。当这一切矛盾被时间冲淡，平稳的日子便慢慢来临了。

爱情里的女人，有着多种多样的毛病，有些甚至非常怪异，若是找男人来指证，肯定能列出满满几大张纸。其中对彼此伤害最大的，就得数无可救药的猜忌、怀疑和患得患失。

每个品尝过爱情甜蜜滋味的女人，也都会体味到爱情令人神伤的一面。可爱情愈是伤人，愈是迷人，即便痛彻心扉，她们也毅然决然地参与其中。

多少人将一句"分手"轻易地说出了口，又有多少人在许久之后，怀着深深的遗憾祭奠着曾经火热、如今冰冷的爱情。

曾经坚信的天荒地老，被细微平常的小事轻易瓦解，一时的不甘愿草草终结立下的誓言，再说什么后话都于事无补了。

爱情如此，其他事也是如此。当初下定决心做出的选择，让你辗转反侧了多少个夜晚，随后呢，你可曾抱着初心一路走下去？抑或是在半路就变了心意，改了初衷？

贾宝玉说女人是水做的。这话只能说是女人身体上的娇弱，但心灵上未必娇弱。也许女人算不上强悍，但遇事同样可以坚强些、坚韧些，不要一味地退缩忍让。

如若有千般后悔、万般无奈的那一天，纵使千错万错也怪不得别人，因为这枚苦涩的种子，是你亲手种下的，理应由你来咽下。

所以，即使逆着风，也要再坚定一些，再坚持一下。

相恋相爱的两个人，除了要应对彼此的棱角，还要面对来自家庭的压力，也许这种压力不足以摧毁爱情，却足以让爱情举步维艰。

在梁家，梁思成的母亲——李蕙仙是一个十分重要的人物。她的堂兄是前清的礼部尚书，后来在尚书主持与操办之下，李蕙仙与梁启超结了婚。她做事十分果断，意志也十分坚定，对于丈夫的事业，一直持有积极支持的态度。

不过，李蕙仙的性情十分乖戾，对还没有过门的儿媳林徽因很是不喜欢，所以对于梁思成与林徽因的这门亲事，她极力地反对。没过多长时间，李蕙仙因病去世，梁思成与林徽因刚刚将心理上的重负放下，没想到，李夫人的长女——梁思顺又成为了他们的烦恼。

梁启超在20岁的时候有了大女儿梁思顺，到了28岁的时候才有儿子梁思成。所以对于这个大女儿，梁启超自然是非常宠爱。已经长大成人的梁思顺十分精明能干，是父亲梁启超的得力助手，又因为比弟妹们大很多，是他们的大姐，因此，她在梁家的地位很高，几乎可以与母亲李蕙仙相提并论。梁思顺与梁思成、林徽因属于同辈，却坚决反对他们二人的婚事。在林徽因与梁思成留学美国的时候，梁思顺正随驻外使节丈夫在加拿大，直接与林徽因发生了正面的冲突。

林徽因知道梁思成夹在中间左右为难，却也掩饰不住内心的委屈。偏袒未来嫂子的梁思永为了帮助她，不断写信回国，向父亲求助，希望他可以劝劝长姐。然而解铃还须系铃人，在林徽因和梁思成的不断努力下，终于在数月之后，将冲突化解了。

与梁思成在一起，是她的选择，她忠于内心，忠于自己。

婚恋，绝不仅仅是两个人的事情，它与各自的家庭有着不可回避的牵连。能赢得大家庭的首肯，得到父母亲朋的祝福，自然是非常圆满的事情。

然而世事难料，每个人都有不同的脾气秉性，你不会喜欢每个人，自然也不会得到每个人的喜欢，这是太正常不过的事情。遇到一些阻力就退缩，这是对自己、对感情不负责任的表现。

终于突破重重阻碍成为夫妻的林徽因和梁思成，没有一味地沉浸在婚姻的幸福里。他们有着共同的兴趣爱好，有着相同的奋斗目标，婚姻使他们更紧密地联系在一起，互为帮手，去开拓新的事业。

梁思成与林徽因都致力于"中国建筑史"的研究。根据权威史料记载，为了对散布在中国各个地区的古建筑进行勘测，他们二人先后用了15年时间，走遍了中国190个县，2738处古建筑。这其中包括河北宝坻广济寺（现属天津）、正定的辽代建筑，河南安阳，山东曲阜孔庙的修葺计划及建筑，考察了山西大同古建筑与云冈石窟。而且，他们还在抗战期间考察了四川的29个县市。

他们走遍了中国的山山水水，在此过程中遭遇过数不清的艰难险阻，但是他们始终没有将前进的脚步放缓。他们凭着对建筑事业的忠诚与热爱，凭着各自坚定的信念和毅力，以及彼此之间坚贞不渝的爱，一路走来。

梁思成说过："中国有句俗话，'文章是自己的好，老婆是别人的好'，可是对我来说，'老婆是自己的好，文章是老婆的好'。"

直言不讳的赞美，不设心防的信任，发自内心的敬重，以及无微不至的呵护，他用行动回应了林徽因的选择。

近30年里，林徽因不但有自己喜欢的事业，而且还有真正了解自己、珍惜自己的爱人。梁思成不同于徐志摩的浪漫，也不同于金岳霖的幽默，他就是他，林徽因从选择他开始，就决定了要坚守这份爱情。

比起男人，女人更害怕选错路，做错决定。青春韶光是留不住的，所以女人应格外珍惜，要极力避免误入歧途，一旦犯了错，后果是难以预测的。

既然已经做出了选择，就意味着拉开了一场叫作"人生赌注"的序幕。其最终的结局到底是喜还是悲，是热闹还是孤寂，都没有办法逃过生死别离。与其每天惊慌失措、举棋不定，还不如静下心来，努力地将自己的选择进行到底。

独处，
是你优秀的必经之路

　　没有一个人可以活成一座孤岛，也没有一个人愿意独自品尝孤单的味道。你肯定有过独自一个人的经历，被车水马龙的人潮簇拥着向前走，看着来来往往的行人的脸上挂着凝重的表情，脚步急匆匆的，你是否体味到了寂寞的滋味？

　　女人，有着比男人纤细千倍的神经，很多微小的不能被男人粗大神经感知的情绪，在不知不觉间，占领了女人的小心脏，折磨得她辗转反侧。比如，孤单。一个人就意味着冷清、寂寥吗？不，当然不是。一群人有一群人可以尽享的狂欢，一个人也有一个人可以拥有的精彩。

　　自处，是女人在漫长的时光中，需要习得的本领。用来应对许许多多的"一个人的时间"，用来攻克独处时的难挨，用来安排接下来的空闲时间。

　　有事做，有所期待，是女人最好的状态。独立又完整的灵魂，在精神上不仰仗任何人，不依赖任何人。关起门，在自己的小天地里，与自己相处，去享受而非忍受一个人的时光。

摒弃这个世界的浮华和喧嚣，放空自己，自得其乐，自在逍遥。

我想象我在轻轻地独语：

十一月的小村外是怎样个去处？

是这渺茫江边淡泊的天，

是这映红了的叶子疏疏隔着雾；

是乡愁，是这许多说不出的寂寞，

还是这条独自转折来去的山路？

是村子迷惘了，绕出一丝丝青烟，

是那白沙一片篁竹围着的茅屋？

是枯柴爆裂着灶火的声响，

是童子缩颈落叶林中的歌唱？

是老农随着耕牛，远远过去，

还是那坡边零落在吃草的牛羊？

是什么做成这十一月的心，

十一月的灵魂又是谁的病？

山坳子叫我立住的仅是一面黄土墙；

下午通过云雾那点子太阳！

一棵野藤绊住一角老墙头，

斜睨两根青石架起的大门，倒在路旁；

无论我坐着，我又走开，

我都一样心跳；

我的心前虽然烦乱，总像绕着许多云彩，

但寂寂一湾水田，这几处荒坟，

它们永说不清谁是这一切主宰；

我折一根柱枝看下午最长的日影，

要等待十一月的回答微风中吹来。

被众人拥护的林徽因，用一首清雅而短小的诗歌，倾诉着当时自己很难排解的寂寞。

她静静地望着窗外，明媚和煦的阳光散发着丝丝暖意；成双结对的鸟儿正在快乐地歌唱，它们穿着金黄色的羽衣，在天空中不知疲倦地跳着舞；成群结队的孩子们疯狂地跑着，享受着无忧无虑的童年生活。

他们都还体会不到孤单寂寞的滋味吧。

她出神地看着眼前的景象，尽管心中有着无限的向往与羡慕，但却只能做一个无关紧要的旁观者。

从大足考察归来以后，原本就很虚弱的林徽因，在经历了一番长途奔波与各种折腾之后，好不容易才有了些许好转的肺病再次复发了，甚至变得更加严重了。接连好几个星期，林徽因一直高烧不退，病得昏昏沉沉，半点精神也提不起来。她全身乏力，根本抬不起脚来。病魔将她困在病床上，让她独自承受着这份煎熬。

往往这个时候，女人不似男人那样一声不响地隐忍，而是开动大脑，胡思乱想。她用凌乱的思绪盘算着缓慢行进的时日，仿佛每一刻都被放慢了节奏，时间是如此之漫长，似乎没有尽头，令人看不到生的希望。一日一日地撑下去，疾病将林徽因从正常的生活中剥离出来，在她周围似乎有一堵透明且坚固的隐形墙，阻隔了她与外界的沟通。

雪上加霜的是，经济上的窘境加重了日子的艰苦和心头的阴霾。营造学社的经费已经接近枯竭，中美庚款也停止了补贴，唯一可以依靠的只有重庆教育部的微弱资助，基本的生活已经越来越难以维持下去。

值得庆幸的是，史语所、中央博物院筹备处的负责人傅斯年和李济在艰难时刻伸出了援助之手，把营造学社的5个人划入他们的编制，这样才可以拿到微薄的薪水。

收入大幅度降低的同时，林徽因的病情也跟着严重起来，无奈之下，她和丈夫的工资大部分花在了治病上。昂贵的药费犹如洪水猛兽般吞噬着这个家，拮据的生活难以承担负累，入不敷出的情况更加明显。

为了活下去，为了填饱饥肠辘辘的肚子，夫妻二人只得忍痛割爱，开始挑些值钱的衣服和贵重的物品拿去典卖。行动有些不便的梁思成，隔三差五地便要走一段很远的路程，去一趟当铺，换一些生活费回来补贴生活。

举步维艰的生活，支离破碎的身体，如五指山般压迫着林徽因。最痛苦的是一个人待在家里，仿佛被蛮横的命运关押着，动弹不得，挣脱不开。她不愿意眼睁睁着时间在指尖溜走，留下钟摆嘲笑她无能的声音。她试图抓住时间的尾巴，尽己所能度过平凡简单的日子。

林徽因所经历着的苦日子，与其说是在与现实做斗争，不如说是在和她自己较量。如果忍气吞声可以解决眼前的困难，那么大可不必再挖空心思去琢磨新点子，只不过，越是默不作声，结果就越适得其反。

或者现实，或者自己，总要有一个先改变。现实是"傲娇"的，十分生硬地将她的请求回绝了，万般无奈的她不得不从自己开始。她努力地支撑起自己的身体，弄好唯一没有被当掉而留下来的留声机。当以前最喜欢听的音乐被放了出来，她暂时忘记了自己所处的苦难。

贝多芬和莫扎特是林徽因喜爱的两位大家，一首首经典乐曲反复聆听，跳跃的音符填满了她寂寞的心房，让她不再感到孤寂。你热爱音乐吗？或是瑜伽，或是书籍，或者是一些其他爱好。独处一室或身旁没有他人的时候，你都是怎样打发时间的呢？蒙头大睡不分昼夜，商场血拼刷爆信用卡，还是看一场期待已久的电影？

女人可以有广泛的兴趣爱好，只要能够取悦自己，能够与它并肩战胜寂寞，就没有什么不可以。

林徽因面对这样的情况，除了听一听舒缓宜人的音乐，更多的时候她选择以书为友。这些不言不语的朋友，在默默无言中陪伴着她，用文字构建而成的世界替她赶走了寂寞。

当她以为心灵和肉体都将被空虚占据的时候，来自异国的诗句给予了她对抗寂寥、冷清的力量。如同在一场生死角逐中，她靠着文字占了上风，把摇摇欲坠的旗帜又树立了起来。

一个人待在房间里，静悄悄的，仿佛可以听见心脏的跳动声。独自发呆，只靠着过去美好的回忆，是无法战胜铺天盖地的孤独感的。

别愁眉苦脸了，起身找点事情做吧，随心所欲，不管做什么，忙碌的感觉总要好过寂寞。

被丈夫梁思成视为左膀右臂的林徽因，当病情稍微稳定下来，有所缓解的时候，就打起十二分精神，为丈夫写作《中国建筑史》做准备工作。她整理繁杂的资料，并做笔记，尽可能地做到尽善尽美。

小小的帆布床四周，总是堆满了要用到的书籍和资料，方便她随用随取。生活没有给予她便利，她就自己创造便利。尽管活动空间还是只有床铺那么大，变换着的四季风景只能在窗口观赏，可一切的一切又充满意义。一个人在家也不再是一件苦闷的事情，相反，正是因为一个人，她开辟出了一个只属于她的世界。

如何处理无人陪伴的时间，对于女人而言，有着举足轻重的意义。让纤细敏感的神经得到满足，即使一个人，也不要被孤单绑架。你可以有更好的选择、更贴心的安排，活出一个人的精彩。

重新规划一下自己的时间吧。

如果你是一个爱美的女性，那么就给自己化一个美美的妆容，穿上美丽的衣衫；如果你是一个爱学识的女性，那么就多阅读一些有意义的书籍，多多吸收其中积极向上的力量；如果你是一个爱见识的女性，那么就将行囊整理好，立即出发奔向天涯海角。立即行动吧，做一个可以陪伴自己的女人。

静坐常思己过，
闲谈莫论人非

人们常说："公道自在人心。"但是，人与人的心是不一样的，想要得到大家的一致认同，是相当困难的。这样一来，难道我们就应当活在他人的评论之下吗？

女人素来拥有敏感细腻的神经，时刻注意着外界对自己的评论，很容易被别人的标准束缚。这样的女人，也许乖巧，也许温柔，却不自由。

孰是孰非，并不在于别人的三言两语，他们只是旁观者，未必真的可以清楚明白。所以，作为女人，不要活在别人的眼光中，更无须受他人的摆布。

是对还是错，认真地听一听自己的心声，最佳的评判标准就是：不辜负，不愧疚。

作为一个女人，在有生之年可以赢得大家的认可与青睐，是十分难得的。

在女人中，林徽因属于一个佼佼者，是一个从古至今都很难复制的版本。她好像夜晚天空中那颗最闪亮的星星，站在高处，任人赞赏与追随。当然除了赞美之外，自然也会出现些许不好听的议论。

她随意在人间走了一遭，红了樱桃，绿了芭蕉，带着不可抗拒的魅力住进了人们心里。

与之不熟识的人，将她看作远在天边的云朵，洁净素白，高不可攀，叹服她的魅力，好奇她绯闻繁多的感情故事。

与之熟识的人，会不由惊叹，世间竟会有她这般的女子，集才华、气质、傲骨于一身，她的理性和感性相安无事地安放于她的思想之中，令周遭的人为之倾倒、沉醉。

前有徐志摩为其抛弃妻子，舍弃自身应承担的责任，顶住各种各样的流言蜚语，开创我国现代离婚之先河；后有金岳霖为其心甘情愿地一辈子不娶妻生子，以半生的力量“逐林而居”，默默地关照，无声地守候。

最终林徽因将芳心交予梁思成，以真心换真心。夫妻二人婚前笃信西方式的自由爱情，随后又遵从父辈所结的秦晋之好，终成伉俪，“梁上君子、林下美人”，宛若天造地设。

与感情相关的纠葛，无意中便会引发出更为纷繁杂乱的枝节。睿智如她，自然知道该何时进退，何时取舍。她的一言一行、一颦一笑，都丝毫不差地落在旁人眼中，受人品评，成为人们茶余饭后的谈资。

无论顺耳也好，逆耳也罢，林徽因统统听见了，她含着笑，淡淡地听着。到底是对还是错，她不愿意苦着脸去面对，也不愿意扯着嗓子去解释什么或者争辩什么。她只是静静地听着自己内心的声音，明白自己的心意，或者前进，或者后退，她都没有愧对任何一个人，这就是她做人的原则与底线。

有不少人会为徐志摩感到不平，对林徽因的逃避与躲闪，导致徐志摩的热情付之东流十分不满。徐志摩的浪漫情怀是属于林徽因的，他将那康桥化作柔情的诗意，呈现在林徽因的面前。徐志摩确定林徽因已经对自己动了心，因为林徽因的眼中闪着明亮的光芒，那分明就是对自己的一种鼓励与赞许，他不认为自己会错了意。

也许正是那些被赋予生命的文字，那一次次纯美的笑靥，吸引着徐志摩，让他义无反顾地去追求林徽因，这个他视作"波心一点光"的女子。林徽因以父亲的一封回信，婉拒了他的不息热情；以不告而别，回绝了他的浓浓爱意。

时过境迁，当二人重聚时，林徽因已经与梁思成订了婚。即便如此，同为新月社成员，林徽因和徐志摩默契地组织活动，共同登台演戏，并常有书信往来。他们之间没有暧昧，也不用掩饰和狡辩。纸上的每一行字，都带着老朋友亲切的问候与诉说，至少，她珍视这份真诚无杂质的友情。她将他视为导师，视为兄长，唯独不是恋人。也许这对她个人来说是清醒，对他来说，却是残忍。

原本日子可以这样细水长流地过下去，所有当事人都可以默契地闭口不谈。可将一切是非恩怨重新拉回现实，摆在人们眼前的，却是徐志摩的云游不返和他的"八宝箱"。

林徽因不会想到，一向洋溢着澎湃激情的诗人，会如此仓促别离，阴阳相隔。

1931年11月19日早点8点，徐志摩乘坐中国航空公司"济南号"邮政飞机从南京北上。他忍住一路颠簸，只为去参加林徽因当晚在北平协和小礼堂为外国使者举办的中国建筑艺术演讲会。他要来听演讲，她是知道的，甚至约好与丈夫梁思成一起去迎接这位老朋友。然而，她未能等到他，等到的却是心碎的消息。飞机遇大雾弥漫，机师为寻觅准确航线，不得已降低飞行高度，不料与开山相撞，机毁人亡。

还未来得及道一声珍重，自此，即是永别。

而故事并未就诗人的英年早逝而落下帷幕，相反，是新一轮的跌宕起伏。

1925年3月，徐志摩做出了到国外旅行的决定。在临行之前，他交给自己的好友，也就是中国著名的女作家凌叔华一个小皮箱，让其代为保管。在这个皮箱中，除了一些文稿之外，还有他的几本日记以及陆小曼的两本日记。

本是记录寻常琐事、平常心情的日记，如何成为一场纠纷，扰得沉睡之人不得安宁？

原来徐志摩在自己的日记中记录的点点滴滴，都是他的肺腑之言，而且大部分都是写当年对林徽因的情愫，因此，不适合自己的新婚妻子陆小曼看见。陆小曼在自己的日记里，记录了一些天南海北的事情，彰显了其随性无拘束的性格，因为日记的内容很多都是数落林徽因的，因此，也不适合让林徽因代为保管。

徐志摩自认为让好友凌叔华代为保管，就是万全之策。但他万万没想到，这个记录着自己情感隐私的"八宝箱"，会让林徽因、陆小曼以及凌叔华之间爆发一场引人瞩目的争夺战。甚至就连自己生前最为敬重的好朋友——胡适也被卷进去，最后居然演变成了中国现代文学史上的一桩"公案"。

历史对于林徽因，有着两面的评价。

仰慕她的人，不遗余力地去赞美她，歌颂她。厌恶她的人，不由分说地认定她是颇有心计的女人。自然是因为她与徐志摩在英国时，朦胧未定的感情。有人甚至断言，她与他即使未曾有过恋情，也有过欲擒故纵的把戏，所以才会对"八宝箱"这般紧张，宁愿掀起波澜，也要拿到手。

一时间，各种揣测甚嚣尘上。别人看来，似乎作为许夫人的陆小曼去争夺皮箱更合乎常理。林徽因做出这番举动，不外乎是为了维护如今的家庭和名声。

批评声、质疑声，不绝于耳。

一向骄傲的林徽因，当然不会对外界的猜疑做出回应。她不去理睬众人的闲言碎语，只是挚友的离去，让她不得不将心声吐露。

在她写给胡适的信中提到：

"他变成一种Stimulant（兴奋剂）在我生命中，或恨，或怨，或Happy或Sorry，或难过，或苦痛，我也不悔的。"

她无悔于那段无疾而终的曾经，不否认她与他在心灵上的共情与共鸣，不隐瞒她对他的真情实感。她说：

"关于我想看那段日记，想也是女人小气处或好奇处多事处，小过这心理太Human（人之常情）了，我也不觉得惭愧。实说，我也不会以诗人的美谥为荣，也不会以被人恋爱为辱。我永是我，被诗人恭维了也不会增美增能，有过一段不幸的曲折的旧历史也没有什么可羞惭。我的教育是旧的，我变不出什么新的人来，我只要'对得起'人——爹娘、丈夫（一个爱我的人，待我极好的人）、儿子、家族，等等，后来更要对得起另一个爱我的人，我自己有时的心，我的性情便弄得十分为难。前几年不管对得起他不，倒容易——现在结果，也许我谁都没有对得起，你看多冤！"

　　徐志摩去世之后，伤心不已的林徽因拜托丈夫梁思成将徐志摩罹难飞机残骸的碎片取回，丈夫照做了。随后，她将碎片挂在卧室最醒目的位置。这时，社会上捕风捉影的蜚短流长又开始了，绕来绕去，绕进了她的耳朵里。许多人不理解林徽因的举动，甚至将这看作她倾心于他的证据，许多人又开始替梁思成打抱不平，叫嚣着谁才是她的真爱。

　　有君子之风的林徽因与梁思成，不做任何解释。

　　那块被烧得漆黑的飞机碎片，仅仅是她对逝者的深切缅怀，是为了弥补来不及说再见的遗憾，以寄托哀思，仅此而已。

　　林徽因同父异母的弟弟林恒驾飞机与日军抗战而为国捐躯，她也同样将飞机的碎片安置于室内，怀念的感情是相通的，只不过是想留个睹物思人的念想。

　　这是君子的坦荡，不在乎他人怎样歪曲事实，怎样误解初衷，她要做的很简单，就是不去理睬，听之任之。

　　这是她珍藏的情感，珍而重之的旧友，无须多言。那些流光溢彩的火花，都在时光中静静流转。不在乎外人如何揣度、误解，她坚持这是她的私事，是她问心无愧的过往。

　　凡世俗尘，难免遭遇纷纷扰扰，一张嘴巴注定应付不来几十张嘴巴，甚至几百张嘴巴。无论以何种理由辩解，都难逃众人悠悠之口。

　　所以只要坚定地相信：清者自清、浊者自浊。不需要面面俱到，不需要十分完美，只要你无愧于心，对得起自己的赤诚之心即可。至于其他的，就让其随风飘去吧。

女人如花，
保鲜最难但最重要

　　在浩渺的宇宙之中，人类是相当渺小的，就好像一粒小小的尘埃一样。但是，即便是小小的尘埃也是拥有属于自己的生命的，也能够掌控具有无限可能的未来。

　　生命一代代地繁衍下去，生生不息，为人类社会的进步创造了无限的可能。作为生命的个体，每个人都具有独一无二之处，承担着从生到死的命运，享受着几十年的时光，或者平淡无奇，或者精彩无限。

　　每个人都会经历童年时期的天真纯洁，青年时期的骄傲轻狂，中年时期的沉着稳重以及老年时期的老态龙钟，这是大自然永远不会改变的规律，即便人类变得再怎么强大，也不可能将这定律改变，因此，只能选择顺应。

　　每个阶段都会有所不同，那每一阶段的每一天呢，是否几十年如一日，从轻快涌动的活水，渐渐变成毫无生机的死水？

　　生命不仅在于运动，而且还在于保鲜。

　　保鲜的一个绝佳的方法就是勇敢地尝试新鲜的事物，让自己持续地积累新感受与新经验，制造不一样的情绪，从而使过程变得更加充实。

一成不变又顽固不化的女人会给人一种生硬刻板的感觉，与她相处久了，就会发现她的生活没有半点激情，如白开水般平淡无味。

平淡固然稳妥，却少了些滋味。

病痛让林徽因的心情一直处于沉闷的状态，她找不到发泄的出口，只得任由自己的生活像平静的湖面般没有一丝波澜。多日来，她被困在这狭小的天地里，看着一次次的日出、一次次的日落，重复着单调的生活，时间仿佛静止了一般，只有堆积如山的家务能够稍微唤醒她沉睡的记忆，只有手头上的工作时刻提醒她，醒醒吧，日子还在继续呢。

费正清、费慰梅夫妇见到她一副愁容惨淡的模样，心疼之余便拉上她到郊外骑马。骑马对林徽因来说是新鲜事物，她已经很久没有突破自我，尝试新事物了。

多少人让生命流于形式，抱着只要活着就好的念头，捱过了大部分流年。生命还在进行着，只管向前迈着步子，盼完今天，盼明天，像索然无味的流水账，辜负了大好韶光，虚度了鲜活的生命。

多少人走到生命的终点，黯然神伤，留有遗恨，那些曾经讨厌至极的日子，就这样一去不复返了，想得到却再也没有机会了。

对女人来说，25岁是一个可怕的门槛，迈过这个门槛之后，似乎只剩下衰老这一件事，害怕青春不再，担心悄悄改变着的容颜，恐惧"人老珠黄"这样的词语有一天会落到自己头上。

女人们，似乎担心得有些为时过早吧。

衰老是人体机能的退化，却不一定代表着丑陋和无能，生命的广度和宽度也并不是以年轻或年迈、美丽或丑陋来衡量计算的，如若这样计算，未免有辱生命的真正价值。

生活是活给自己看的，何必斤斤计较。

既然担心皮肤松弛、身材走样，那就抛开懒惰之心，运动起来；担心人到老年跟不上社会的脚步变得百无一用，那就读书看报，留心时事，保持与外界的连接畅通。

策马奔腾的林徽因，看上去英姿飒爽，很有大将的风范，就连具有"美利坚骑士"称号的费正清也对她赞赏有加。林徽因在马背上的优美姿势让费正清叹为观止，就好像一幅珍贵的油彩画一样美丽。

在野外，自由自在地感受着信马由缰的快乐，呼啸着的风，摇摆着的花朵，她的生命又焕发出蓬勃生气。

林徽因爱上了马背上的洒脱，这给了她从未体验过的新鲜感。她雀跃着，买来了马鞍、一套马裤，装备得很是齐全。换上这身装备，她似乎又多了一个新的身份——骑手。

那段日子给林徽因的印象是新鲜而美好的，费氏夫妇回国后，她在信中对往事的回顾，依然是那样的神采飞扬：

自从你们两人在我们周围出现，并把新的活力和对生活、未来的憧憬分给我以来，我已变得年轻活泼和精神抖擞得多了。每当我回想到今冬我所做的一切，我都是十分感激和惊奇。

你看，我是在两种文化教养下长大的，不容否认，两种文化的接触和活动对我来说是必不可少的。在你们真正出现在我们（北总布胡同）三号的生活中之前，我总感到有些茫然若失，有一种缺少点什么的感觉，觉得有一种需要填补的精神贫乏。而你们的"蓝色通知"恰恰适合这种需要。

另一个问题，我在北京的朋友年龄都比较大也比较严肃。他们自己不仅不能给我们什么乐趣，而且还要找思成和我要灵感或让我们把事情搞活泼些。我是多少次感到精疲力竭了啊！今秋或不如说是初冬的野餐和骑马（以及到山西的旅行）使整个世界对我来说都变了。

想一想假如没有这一切，我怎么能够经得住我们频繁的民族危机所带来的所有的激动、慌乱和忧郁！那骑马也是很具象征意义的。出了西华门，过去那里对我来说只是日本人和他们的猎物，现在我能看到小径、无边的冬季平原风景、细细的银色树枝、静静的小寺院和人们能够抱着传奇式的自豪感跨越的小桥。

用新事物来保持生命的新鲜感，时刻将全新的感觉注入生命，让生命蓬勃有生气。林徽因才不要做困守在家中的太太，死水一般平静的生活，不是她所向往的。

当身体可以自由活动时，她迈开步子，不顾艰难险阻，走入荒山野岭，去探寻早已被人们遗忘的古建筑。每一次旅程都是一次冒险，更是一次充实生命的过程，灵魂的每一寸、每一缕都在风雨黄沙中愈发鲜活，愈发张扬。

当她的健康状况已经不允许她走出屋子的时候，林徽因也没有坐以待毙，眼睁睁地瞅着生命慢慢枯竭，每天只要有可能，她都会提起精神写点东西，有时是关于建筑，有时是关于汉代历史的论文，她甚至还构思了一本小说。

只要尚有一丝气力，她就要扛起生命的重量，不轻易放弃每一分钟的光阴。即使疾病已经击垮了她的身体，她也要挺起胸膛迎接崭新的每一天。

1947年12月，林徽因进行了一次大手术，在手术前的两个月里，是持续的担惊受怕，她虽然熬过了短暂的发烧期，但在随后的检查中发现了由输血带来的并发症，只有等到医院来了暖气才能做手术。手术前，林徽因给费慰梅写了诀别信："再见，我最亲爱的慰梅。要是你忽然间降临，送给我一束鲜花，还带来一大套废话和欢笑该有多好。"没有对死亡的恐惧，只有对好友的眷恋与不舍，带着小女人的俏皮，以及在危难间对生命抱有的一丝希望。

可喜可贺的是，她又一次战胜了死神的威胁，坚强地挺了过来。

费慰梅在《梁思成和林徽因》中叙述道：

手术后不久思成和老金两人都写信来要我们搞点特效药链霉素。这药也不容易弄到，但我们还是想办法托到北京出差的美国朋友分别带了两份去。最后我们得到消息说，徽因已出院回到她清华园家里自己温暖舒适的卧房中，这个地方她戏称是"隔音又隔友"。

到2月中徽因已摆脱了术后的热度，她的体力在逐渐恢复。思成说："她的精神活动也和体力一起恢复了，我作为护士可不欢迎这一点。她忽然间诗兴大发，最近她还从旧稿堆里翻出几首以前的诗来，寄到各家杂志和报纸的文艺副刊去。几天之内寄出了16首！就和从前一样，这些诗都是非常好的。"

他在附言中要我们寄一盒500张的轻打字纸作为新年礼物。"这里一张要一万元，一盒就是半个月的薪水。"这么厉害的通货膨胀真是难以想象。老金也写信来说徽因是好多了，但又补充说，"问题在于而且始终在于她缺乏忍受寂寞的能力。她倒用不到被取悦，但必须老是忙着"。她修改、整理和争取刊行她的旧诗。老金鼓励她这么干，"把它们放到它们合适的历史场景中，这样不管将来的批评标准是什么，对它们就都不适用了"。

生命是否鲜活，全仰仗于个人的安排，不论健康或疾病，都有机会保持前进的动力，不要因为一点病痛就让生活变得死气沉沉。

只有鲜活的事物才会永葆生机，才会在悠然前行的时光里跳跃，成为鲜艳的暖色调，留在记忆里。

你现在还在等待什么呢？等待着岁月匆匆地流逝，而你却留在原地发呆吗？趁着自己现在还年轻，趁着自己还可以跑得动，趁着阳光正好，无论是独自一人，还是拉上几个好友，一起欢腾起来吧。

第 3 章

悦纳自己，
唤醒心中沉睡的正能量

你可以不完美，
但绝不可以平庸

　　著名的斯迈利·布兰顿博士曾经写过一本很畅销的书，书的名字叫作《爱与死亡》。在这本书中，他说道："每个身体健康之人都具有一定程度的自恋，这属于正常现象。在完成工作与获取成功的过程中，自恋是必须具备的不能缺少的因素。"

　　事实的确如此。一个身体健康、心灵成熟的人都有属于自己的人生态度，"爱自己"就是其中最为重要的部分。这并不意味着提倡骄傲自大，而是要求我们清醒地认识自己，看清楚自己的本质，同时还要做到自尊自爱，维护自我的尊严。

　　心理学家A．H·马斯洛曾经写过一本名字叫作《动机与人格》的书，在这本书中他提到过"接受自我"的概念，他是这样说的："新动力心理学中包括自主性、人性、释放、接受自我、推动意识与满足感等主要概念。"

　　拥有正能量的人不会在夜晚难以安睡地用自己的劣势与他人的优势进行比较，担忧自己没有比尔·史密斯那样的自信，或是缺乏吉姆·约翰斯那样的进取精神与坚强毅力。对于自身的劣势及工作上出现的失误，她会选择勇敢地正视。并且，她还拥有十分明确的目标，每天工作时都充满了干劲儿。她不但十分了解自身的缺点，而且还会努力地去改正它。不管是对待别人，还是对待自己，她都十分宽容，从来不会陷入痛苦的深渊。

我们像喜欢他人那样喜欢自己真的那么重要吗？心理学家表示，如果我们不喜欢自己，那么就无法喜欢上别人。有些人对任何东西或任何人都表现出厌烦、憎恨的情绪，实际上，这正是其缺乏自信，具有自弃倾向的一种表现。

在美国医院的病人中，有超过50%的病人都是神经科病人，他们对自己都有十分强烈的厌弃感。还有更多的病人正在忍受着来自神经或者精神方面的折磨，甚至有的病人还产生了轻生的念头。

为什么人们会产生心理负能量呢？究其主要原因就在于，在现代这个竞争十分激烈的社会中，人们对于名望与成功的过分渴求，人们总是想着如何超越别人，因此总是强行逼迫自己拼命地去工作。

哈佛大学心理学家罗伯特·W·怀特先生曾经写过一本名叫《不断进步——研究个性的自然发展》的畅销书。这本书中的某些观点是很值得人们关注与深思的，比如，调整自己，适应周边的压力是人的分内之事。怀特先生这样说道："这样的惯性思维产生至今仍十分流行。这就使有些人在超越了别人之后反而变得十分狭隘，其思想受到极大束缚，思维方式也变得僵化起来，使自己不得不担任某种特定的人生角色。然而，成功是需要凭借自身的努力去成长、去完善、去创造、去实现的，你必须要踏踏实实、有创造性地进行行动。总之一句话，成功是依靠自己开创性的行动。"

卡耐基对于怀特先生的观点表示赞同。鲜少有人敢于独自站出来；也没有多少人真正地懂得，自己所支持的东西究竟具有怎样的意义。很多时候，人们的社会与经济地位就已经决定了其具体的行为。

卡耐基班上有一个女学生，就曾经卷入过这样的冲突中。女学生的丈夫是一位事业有成的大律师，不仅具有超强的能力与勃勃的野心，而且还有很强的控制欲，家里的社交活动往往由丈夫和他的朋友来主导。在丈夫及其朋友看来，成功的标准就是在社会上拥有较高的名望。

这位女学生性格温和，为人谦逊，生活在这种气氛中，常常会产生自己十分渺小的感觉。没人看到女学生身上的美德，也没人对其拥有的美德进行欣赏。于是，女学生开始对自己的能力表示怀疑，就这样一天又一天，她觉得越来越压抑，觉得自己永远没有办法达到丈夫的那种标准，继而产生厌弃自己的念头。

面对这样的问题，应当如何解决呢？正确的做法就是改变自己——从那种依据别人的标准来改变自己的压力中摆脱出来，自信满满地面对自己。要坚信，人活着不是为了别人，而是为了自己，活出自我的价值，才会变得自信十足。

那么，我们应当如何找回自信呢？

若想找回自信，首先要做的就是：不可使用别人的标准来对自己进行审视。你应当清楚地知道自身的价值，应当按照自己的标准进行生活，应当学会客观公正地对待自己。

有一天，卡耐基刚讲完课，一个女学生就找到他，诉说自己在说话方面的苦恼。

她对卡耐基说："我讲话讲得不怎么样，与我的期望差远了。而且我一开口讲话就马上意识到我没有班上其他同学那样自信与镇定，我内心很害怕，也很害羞。当我想起自己的缺点时，就更加沮丧了，以至于我根本没有办法很好地说出自己的心里话。"

关于她的弱点，她又说了一些其他的细节。当她说完之后，卡耐基是这样回答的：

"不要总是想着自己的缺点，你在讲话方面之所以失败主要是因为你没有理性地审视自己，这并非是你的缺点。"

我们都知道，莎士比亚的剧本中所描述的不少历史或地理方面的知识都存在错误。狄更斯所写的小说中也有不少伤感的句子是无病呻吟。但是，那些缺点并不能对这些伟大作品的美造成很大影响。相较于令人心震撼的美，这些缺点就显得不足挂齿。

之前的错误与如今的弱点会使我们产生深深的负罪感与自卑感，这种心理状态是非常糟糕的。当我们被这种负面情绪困扰的时候，最应当做的便是抛开一切过往，勇敢地向前冲。

另外，我们还应该学会欣赏自己，学会容忍自己的缺点，这并不是说要将标准降低，浑浑噩噩地混日子，而是让我们清楚地知道：任何人不可能总是保持完美的状态。对别人抱有这样的期望是不公平的，对自己抱有这样的期望更是愚蠢的。

卡耐基曾经参加过一个协会，其中有一个女会员令卡耐基印象深刻。这个姑娘是一个完美主义者，她对自己做的每件事情都十分挑剔。面对工作上的对手时，她是一个骄傲的胜利者——她会花费很长时间对每份报告进行思考。在发言的时候，她总是说个没完没了，想要将每一个细节都讲清楚，弄得下面的听众十分疲惫。对于那些没有接到她邀请的不速之客，她从来都不会热情地进行招待——她总是在家里举办聚会之前事先将每个细节都安排好。通过不懈的努力，这个姑娘所做的每件事情都达到了完美。她舍弃了一切温暖与快乐，只为换取那乏味的完美。

其实，强迫自己保持完美无异于自虐。与普通人一样，完美主义者也会遭遇失败，但他们往往接受不了已经失败的现实，于是，他们对自己产生憎恶之情，甚至到了不能自拔的地步，无限地将自己的负能量扩大开来。

作为女人，我们应当做到悦纳自己：我们应当能够像欣赏他人那样，尝试着尊重自己、喜欢自己、欣赏自己，慢慢地将心中沉睡的正能量唤醒。

回归自我，
找回正能量的自己

在这个世界上，每个人都是独一无二、不可替代的。虽然人类均是由相同物质组成的，可是每一个人的生命都与其他人是有所区别的，是自成一家的。心灵的成熟是一个不断地发现自己、探索自己的过程。唯有先对自己有所了解，才能够去了解他人。

很多看过玫瑰花的人，都会觉得那些玫瑰花看上去好像都是一样的。可事实却不是这样！如果仔细分辨，你就会发现，虽然这些花在颜色和品种上都一样，但是它们之间仍然存在细微的差别，例如生长速度、花瓣的卷曲程度、颜色的鲜艳程度等等，几乎每一朵花都存在细微的不同。

自然界到处都充满着多样性，而人类自身更是千差万别。原英国科学促进协会主席、古人类学专家亚瑟·凯斯爵士曾说过："没有任何人曾经或即将与另一个人度过完全相同的人生旅程……每个人的人生经历都将是独一无二的。"

没错，在这个世界上，每个人都是独一无二的。即使我们从表面上看并没有什么区别，但每个人确实都拥有一段独特的生命历程。

社会总是对"适应"、"群体意识"以及"社会化流动"加以强调。将自我的个性淹没，对整体意志表示服从的人被视为精英；而具有超强个性的人则被视为另类。我们每个人虽然都是独立存在的，但我们的意志却常常会迷失。当我们的想法、行为和其他人不一样的时候，我们恐惧得要死。

我们从何处才能获得解药？我们怎样做才能够更懂自己？我们要如何做才能顺利地找回自我？下面是几个建议：

找回自我的第一种方式：冲破生活的惯性。人们总是习惯性地过着已经习惯了的日子，于是，人们觉得十分单调，异常苦闷，唯有超强的愿望才能将自己释放出来。每天，大部分人都在拖着疲惫的身躯生活着，在习惯与惰性的影响下，人们单调而乏味地过了一天又一天，埋藏在心中的正能量也会在一天又一天的琐事中慢慢地消耗掉。

卡耐基的课上有个女学员，讲述了自己与老公成功地破除习惯枷锁的经历：

"我与老公都非常喜欢看电视，"她说，"每天，我们下班回到家之后做的第一件事情就是将电视机打开，然后一边看着精彩的电视节目，一边吃着晚饭，直到实在困得不行了，才会关上电视机上床去睡觉。为了能看更多的精彩节目，我们几乎不会抽出时间去拜访朋友或者看书，也不会一起出去享受外面的好时光。当家中来客人时，我们也是巴不得对方能够早点走，以便能接着看我们的电视节目。"

"有一天，我与几个好朋友聚在一起吃午饭，可是我却发现自己已经没有办法顺利地与他们交流了，因为他们所谈论的话题，我基本上都插不上嘴。我什么地方也没有去过，什么书也没有看过，什么有意义的事情也没有做过。我生命中最好的时间都在电视机前浪费掉了。

"回到家之后，我将自己的经历告诉老公，并且对我老公说，既然有些吸毒之人都能够成功地戒掉毒瘾，我们为什么不能从电视节目中解脱出来呢？对于我的意见，他表示赞同。于是，为了转移注意力，我们开始努力去做别的事情。我们一起报名加入了成人教育课程班，还时不时地一起去打保龄球，外出去朋友家玩。另外，我们还从图书馆中借来了不少书籍，然后读给对方听。最后，我们成功地戒掉了电视瘾，使我们的婚姻与工作得到了很大的改善。对此，我们都非常满意。我们体会到了生活中的很多乐趣，而且不管是对自己还是对他人而言，我们的生活价值都得到了较大的提高。"

这两个曾经被习惯活埋的人，通过自己的努力，终于得到了解放，从习惯的枷锁中跳了出来。

找回自我的第二种方式：寻求"沉浸体验"。1878年，著名的心理学家——威廉·詹姆斯曾在给自己妻子的信中说到过这个问题：我经常思考，倘若一个人在遇到某种机会的时候，忽然变得十分兴奋，非常激动，那么此人的个性、世界观及道德观就会在这个时候较好地展现出来。这个时候，人们心中大喊着："这才是真我！"换句话说：情绪高涨可以令人浮出水面，真切地感受到"十分兴奋，非常激动"，即"沉浸体验"带给人的兴奋。

　　当我们处于沉浸状态中的时候，不仅会享受到巅峰体验，而且还能够做出巅峰的表现，将最好的状态展现出来。因此，在有些工作中，"沉浸体验"是铸就成功的基础。兴奋可以将我们的热情点燃，让我们竭尽所能。爱德华·维克多·艾波顿爵士，一个很伟大的物理学家，同时也是诺贝尔奖获得者，曾经说过一句听起来让人非常吃惊的话："我们能够在科学研究中取得成功，除了工作技能外，最重要的是我对工作充满了热情。"

　　当然了，艾波顿爵士的话并不意味着在科学研究中专业技术并不重要，而是在说"热情"会产生极大的激励，使其更为充分而全面地掌握专业技术。

　　卡耐基从事了40多年的公众演讲学。他发现，演讲的最终效果取决于演讲者对于自己所要演讲内容的兴奋程度。不管演讲者讲的是什么，讲导弹也好，讲他的岳母也罢，抑或是讲埃塞俄比亚的降雨情况，他是不是真的对讲演的内容感兴趣，决定了他能对听众造成多大的影响。

　　任何人的个性都需要发掘。我们应当从不良的习惯中摆脱出来，严厉地拒绝迟疑、迷茫、恐惧及怯懦，将我们个性中的潜在能量发掘出来，去探究为何我们是独一无二的。搞明白到底哪些东西对我们的个性发展产生了束缚作用，让我们不能看清楚别人，也不能看清楚自己。"沉浸体验"是将真我点燃的耀眼火焰，它可以将我们的个性硬壳敲开。

　　"沉浸体验"有许多种形式。对有些人而言，爱可以将其内心深处的世界打开。在名为《马丁》的电影中，爱为一个妓女与一名孤独之人打开了一个全新的世界，爱帮助他们改变了命运。

对另一些人而言，某种工作、活动或者创作，可以令他们沉浸其中。威廉·莱昂·范博斯，耶鲁大学的教授，曾经写过一本很有名的书，名字叫作《兴奋地教书》。在这本书中，他对自己从职业中获得的快乐进行了描述。

危机也可以带来"沉浸体验"，让人们发现自己隐藏了很长时间的个性。比如，当地震、洪水或者大规模的战争等灾难来临的时候，往往会涌现出不少英雄。因此，人们经常在遭遇危机的时候才能够竭尽全力地将自己的正能量发挥出来。而这种正能量还体现在某些小事情上面。比如，不少老人退休之后会与自己的孩子同住，老人们会产生自己已经没用了的感觉。但是，当家庭遭遇危机的时候，比如，染上疾病或是某些突发的事件，他们的身上就会展现出一种十分强大的能量。

简而言之，我们在发掘自身正能量时可以采用以下两种方法：

第一，从不良习惯的束缚中摆脱出来，认识真实的自己。

第二，通过自己的"沉浸体验"与兴趣，将真正的自己找到。

在发掘正能量的过程中，需要我们不断地进行自我发掘，这将是一个漫长而持续的过程。倘若我们对自己都不了解，那么就没有办法去了解别人。"了解自己"正是所有智慧的源头，正如古希腊哲学家苏格拉底所说的那样：你是这个世界上独一无二的你。回归自我，找回正能量的自己！

没有伞，
就必须努力奔跑

1956年2月，《纽约时报》曾经刊登过一篇引人瞩目的报道。这篇报道是关于艾萨克·普雷斯兰的专访。普雷斯兰是一个销售员，他刚刚通过夜校的学习获得了高中毕业证书，马上又报名参加了布鲁克林学院夜大部的学习，他非常想学习法律知识。

在新生英语课上，普雷斯兰需要写一篇作文，题为"什么是幸福"。在这篇作文中，他这样写道："对于我而言，获得了高中文凭，就能够继续上大学了，将来的某一天，我就有可能成为一位受人尊敬的律师了，这是我最幸福的事情。"

普雷斯兰又说道："向前看，我非常高兴，我得看一看自己到底能学到怎样的程度，我愿意在夜大学习5年甚至更久。然后，我打算前往法学院再学习5年。"

看到这里，你可能会觉得这肯定是一个年轻人的计划对吗？但是，你知道吗？在前往夜大进行注册之前，普雷斯兰已经年满60岁了。唯有拥有正能量之人才会清楚，学习是一个快乐的历险过程，无关乎年龄的大小。

A·洛厄尔博士担任过哈佛大学的校长之职，他曾经这样写道：大部分的学院或者培训机构只能够给予我们一定的帮助，让我们学会自助。在他看来，我们最终还是要依靠自我教育。教育属于一个促进人成长的过程，是一个丰富自身知识，促进自己内心世界发展的过程，我们应该通过自我教育的方式来将这个过程实现。

倘若我们懂得了这个道理，自我教育就变成一种促人兴奋的体验，也能够增强我们内心的正能量。不管在什么时候，人们都可以开始自我教育。人生最佳的投资就是努力培养自己强烈的求知欲，在将来的某一天，我们必定会有所收获。

在组成我们身体的各个部分中，心灵是最基本的部分，同时也是最重要的部分。如果想要它健康地成长，我们就必须给予它充足的养料与适当的锻炼；倘若我们对其不闻不问，任其自生自灭，那么它就有可能不再成长，甚至出现退化的现象。

我们应当让自己的心灵积极主动并且十分用心地接受教育，接受教育所能给我们带来的影响。倘若一个人不上心，那么不管他是去参加培训班，还是去参加读书俱乐部，抑或是参加其他的文化活动，都不可能从中得到太大的收获。一个人自称具有较好的文化修养，或者隐藏自己不愿意别人看到的那一面，这就好比是穿、脱他的衣服似的，但是藏在衣服内的心灵依旧是没有开发过的，与以前不会有任何的区别。

我们为什么要参加对心灵有益的活动呢？因为那样可以让自己的心灵变得更加成熟。人的心灵与身体一样，只有经过了锻炼，才能够得到成长，这样一来，正能量才会变得越来越多。

刘易斯·芒福德曾经说过一句话："修养乃一切实践活动的终极目标。它包括丰富的个性、成熟的人格、一种掌控的感觉、一个更大的能力综合以及为了增强修养而培养出来的兴趣与情感上的享受。"这也是自我完善的终极目标。

有一天，一位女士来找卡耐基诉说自己的不幸遭遇，想要听听卡耐基的意见。这位女士看上去仿佛一只被打败的牧羊犬一样。她说自己的丈夫不爱她了。她的丈夫是一个大公司的经理，兴趣广泛，品位高雅，而且事业上也比较成功。她自己感觉已然不能很好地跟上丈夫的步伐了。

她一边痛哭，一边抱怨说，这都归咎于她当初没机会上大学。在生了宝宝之后，她一心扑在孩子身上，更没时间提升自我修养了，而她丈夫最喜欢参加的活动便是看画展、听音乐以及读书等。

她非常委屈地说道："我的丈夫如今对我十分嫌弃，因为我无法与他那些具有较好文化素养的朋友聊到一起。但是，这对我是非常不公平的！"

卡耐基问她，如今孩子们都已经长大，有了各自的小家了，她平时是怎样打发自己的时间的。

她回答说，她一般都是依靠打桥牌来打发时间的，每个星期也会去看两场电影，有的时候也读些言情小说之类的书籍。

很显然，这位女士的兴趣比较单一，并且她也没有有意识地去培养跟丈夫同样的兴趣。她不是没有提高自我修养的时间与机会，她所缺少的只是主动培养兴趣的愿望与行动。她完全可以将平时打桥牌与看电影的时间腾出来，用来培养更加广泛的兴趣，从而让自己很快地跟上丈夫的步伐。

在现实生活中，有不少人都像这个没有进取心的女人一样，将自己困在一个十分狭小的世界中，被人们遗忘了，她们画地为牢，与世界隔绝了。她们总是抱怨这一切已经来不及了，埋怨她们的年纪太大了。她们经常理所当然地认为：都是由于自己年纪太大了，所以才会赶不上人生站台上的末班车。

事实并非如此，对那些渴望发展自己的人而言，人生就是一个永远没有终点的精神之旅。

有这样一位女性，她的家住在克萨斯城，丈夫是一个律师，有五个身体健康的儿子。她倾尽心力地教养儿子们，送他们进入大学学习，接受专业的技术培训，看着他们一个个成才，成为对社会有用的人。当她最小的儿子从大学毕业进入职场的时候，她已经是一个50多岁的人，并且已经有了可爱的孙子孙女。她连续四年都在得克萨斯大学做旁听生，最终凭借优秀的成绩拿到了毕业证。

如今她已经70多岁了，丈夫已经离世，她独自居住。你可不要觉得她现在的生活肯定很孤单、不如意。她现在是一名社工，有不少朋友，也有很多仰慕者，她是那样活跃、乐观，每一个进入她生活圈的人，对她来说都是一种莫大的鼓励。她的儿子与儿媳们也都很爱她，都盼着她能多去他们家居住。她在自己的心田种下了善果，如今收获并享受着美好的收成。

乔治·加洛普，不仅是罗兹奖学金新泽西州委员会的主席，同时也是美国公众意见研究所的创始人。他曾经说过这样一句话："不少人在获得文凭后就不再进行学习了。但是我却觉得，学习是一个从生至死都不应该间断的过程。"

大学只是一个在某一段时间内让我们学习的地方，以后，我们的学习还应当依靠自己。因此，不管我们拥有什么学历，我们都应当清楚，一定要继续学习，要做到"活到老，学到老"。我们每时每刻都尽可能地滋养自己的心灵，以免在未来的生活中，被寂寞所折磨。

但是，如果一个酷爱自学的人，却没有机会上大学或者夜校，那么他（她）应当怎么办呢？

其实，答案十分简单，那就是读书。

赫伯特·莫里森也是一个名人，他是英国工党的领导人之一。15岁时，他曾经在伦敦的某家杂货店打零工。那个时候，他听到了一个最好的忠告，这个忠告对他的一生产生了至关重要的影响。

有一天，他在街头遇到了一个算命的。他给了算命的6先令之后，算命的问道："你都读些什么书？"

莫里森回答说："几乎都是一些凶杀小说，有时也会读言情小说。"说着，他指了指街边书摊上那些比较廉价的书籍。

算命的接着说："与不读书相比，读书总要强一些，但是，你可是一个了不起的天才，不应当在那种书上浪费时间。你应当多读些历史、人物传记这类的书籍，你应当读你喜欢的书籍，培养严肃的读书习惯。"

这条忠告可以说是莫里森人生的转折点。他说，听了算命的话之后，他突然明白一个道理：虽然他小学毕业之后就辍学了，但他能够继续读书，进行自学。

从此之后，赫伯特·莫里森正式开始了自己的读书生涯。他阅读了不少有意义的好书。正是在那些好书的影响下，他掌握了很多实用的知识，提升了自身的文化素养，从而促使他长大后进入了众议院。莫里森这样说道："有的时候，我也会看电视、听广播……可是没有任何一个节目能够与阅读一本权威性的书籍相媲美。"

从书籍中可以找到人类大多数的知识、智慧与成就。促人进步的好书正静静地躺在书店中、图书馆里或者好友的书架上，正等着我们去阅读、去学习。通过阅读好书，我们可以与那些伟人进行心灵的交流；通过阅读好书，我们可以对历史进行回顾，对未来进行展望；我们还可以穿越时间和空间的限制，活在最真实的世界中。

阅读好的书籍是找回正能量的最佳方法之一。当然了，开拓视野的重要性也不容忽视，我们可以有意识地去培养自己艺术或者古典音乐上的兴趣，参加一些艺术活动等。

有的时候，人们总是抱怨自己没能接受良好的教育，其实，这样的想法早就应该扔掉了。倘若我们真的想要让自己的精神变得更加有力量，那么就应当立即行动起来，努力地提升自己的知识涵养。日复一日，年复一年，我们慢慢变老，朋友慢慢地离我们而去，自己的身体也慢慢变坏，但是我们所掌握的知识却不会变少，它会填补我们空虚的心灵，让我们完善自己，心中充满正能量。

不一样的梦想，
一样的绽放

  诺思克利夫爵士，是伦敦《泰晤士报》的大老板，同时也是新闻界的"拿破仑"。

  刚开始的时候，他不满足于自己每个月80英镑的待遇。后来，《伦敦晚报》与《每日邮报》都成了他的产业，但是他依旧没有感到满足。直至他掌控了《泰晤士报》之后，才算有了些许欣慰。林肯曾经对《泰晤士报》作出这样的评价："除了密西西比河以外，《泰晤士报》就是全球最强有力的一件东西。"

  但是，即便诺思克利夫爵士拥有了《泰晤士报》，但他仍然不满足于现状。他对《泰晤士报》赋予他的权力进行充分的利用："将官僚政府的腐败暴露出来，将几个内阁打倒，对几个内阁总理（亚斯·查尔斯和路易·乔治）进行推翻或者拥护，还要不惜一切代价地对昏庸腐败的政府进行攻击……因为他这样的努力，使得很多国家机关的办事效率得到了较大的提高，并且在某种程度上还对英国政府的制度进行了改革。"

  对于那些自满的人，诺思克利夫爵士一向都是十分反感的。

有一次，他停在了一个素不相识的助理编辑的办公桌前，并与那个助理编辑进行了交谈："你来这里工作多长时间了？"

"将近3个月了。"那个助理回答。

"你感觉如何？你喜欢这份工作吗？对于我们的办事程序，你都熟悉了吗？"

"对于现在的工作，我十分喜欢，也熟悉了办事的一系列程序。"

"你如今的薪水是多少？"

"一周5英镑。"

"你对现在的状况满意吗？"

"十分满意。"

"啊，可是你要清楚，我可不愿意自己的职员对一周只拿5英镑就十分满足了。"

在这个世界上，有不少人一生都一事无成，究其根本原因就在于他们太容易满足了。这些人往往会找一份相对稳定的工作，拿着些许微薄的薪水，每天机械地重复着相同的事情，日复一日，年复一年，直至生命的尽头。而他们居然还会觉得人的一辈子也就能够拥有这么多东西了。

当然了，很多时候，不满足也是十分痛苦的。为了避免由于这种不满足而招来的痛苦，不少人十分急切地寻找一个看起来比较舒适的"安乐窝"，目光非常短浅，只能看见眼前的安逸，不愿意承担一丁点儿的压力与责任。

对于大自然其他动物来说，知足可以作为其目标，然而，对一个人而言，千万不要将自己一辈子的追求局限在一个极其狭小的范围内。猪牛羊拥有充足的食物与安全的住处，便会心满意足。可是，人却不可以如此，人的目标应该是成就一番事业，而非成为他人成功之路上的垫脚石。

有些人为了逃避不满足给自己带来的痛苦，就将自己的不幸怪到别人头上，或者归咎于环境因素所致。埋怨自己之所以会有不幸的遭遇，完全是因为受到了外界环境的束缚。这样逃避现实，真的是非常愚蠢的。当我们产生了不满足的感觉时，我们就应当清楚，错误并不在我们自己。要想取得一番成就，我们就应该在某些方面做出改变。

拥有正能量的人对于自身的缺点并不畏惧。他们绝对不会躺在所谓的"安乐窝"中反复咀嚼并回味自身优点，等待他人向自己投来赞扬的目光，并因为这赞扬之声而变得沾沾自喜。拥有正能量的人对于他人的奉承话并不喜欢，他们往往采用批判的态度来审视自己，认真而仔细地比较自己所处的地位与所期待的情况，并且以此激励自己不懈地努力。

格斯特所说的"如今的自己永远是有待完善的"这句话就是这个意思。格斯特是一个伟大的诗人，其诗作常常见于各大报纸，深受广大读者的欢迎。他之所以可以获得成功，在很大程度上源于他经常不满足当下的自己，仰望理想中的自己。

只要你心怀梦想，就算这个梦想不能立即实现，但是它仍然具备自己的价值，因为这梦想可以帮助你照亮当下的机会，并且这些机会极有可能是别人没有注意到的。

拥有正能量的人在未成年之前，其脑中经常充满了各种各样看起来千奇百怪，并且可以称得上幼稚的梦想。

钢铁大王卡内基在15岁时，常常在仅有9岁的小弟弟——汤姆的面前说起自己对于未来的希望与设想。他说，待他们长大之后，可以组建一个兄弟公司，然后赚大量的钱，最后为父母购买一辆大大的马车。

塞尔弗利曾担任过马歇尔公司的总经理之职，创立了伦敦最大的百货商店。小时候，在妈妈的引导下，他经常会做一种假想的游戏。母亲经常告诉他："假设你现在已经长大了，从事着一份很普通的工作。有一天下班回家后，你对我说道：'妈妈，我每周的薪水会涨1块钱，如今，我们能多存一些钱了，如此一来，两年之后，你就会对我说：'妈妈，我们如今能购买一辆四轮的马车了。'"

他们每天都要做这种游戏，这种潜移默化使小塞尔弗利逐渐地有了很多梦想。这种"假设"的游戏，帮助他树立了正确的理想与坚定的信念。这样一来，待机遇降临的那一天，他就如梦中一样紧紧地将这机遇抓住。

"你觉得我会对司机的工作感到满足吗？其实，我真正的目标是铁路公司总经理。"这是一个名叫弗里兰的青年所说的话，但他在说这句话时，甚至还不是一个司机。弗里兰在铁路上已经工作了两年了，依旧是一列三等火车上负责管理制动机的工人。但是，一个老铁路工人所说的一番话对他产生了极大的刺激，才促使弗里兰说出了上面那句话。

那位老工人的原话是这样的："如今，你已经是一个很棒的制动机工人了，根据我多年来的经验，倘若你再在这个职位上干个4～5年，就可能会升职为司机。只要你踏踏实实地工作，不犯什么大错误，就不会有被解聘的危险，你就能稳稳当当地做一辈子的司机了。"

弗里兰并不认为拥有一份安稳的工作是一件多了不起的事，他有更大的理想与抱负。后来，他也真的实现了当初所说的话。在他坚持不懈的努力之下，他终于如愿以偿地成为了美国大都会电车公司的总经理。

弗里兰之所以可以获得这样的成功，就在于他并没有满足于自己稳定的工作，而是不断地鼓励自己，积极进取，努力地向前发展。最后，他超越了自我，用理想激发了心中的正能量，最终攀上了理想的高峰。

踮起脚尖，
你就离阳光更近一点

考尔比，美国五大湖上的运输大王，在刚刚进入社会的时候，曾经说过这样一句话："我从楼梯的最低一阶尽可能地向上看，想要知道最高的一阶究竟有多高。"

那个时候，他什么都没有，他理想中的事业也距离他十万八千里。那么，他是怎样将自己的理想实现的呢？

的确，考尔比刚步入社会的时候，生活非常穷困。刚开始的时候，他在纽约闯荡了一段时间，接着又去了克利夫兰，后来在湖滨南密执安铁路公司找到了一份工作——做书记员。然而，干了一段书记员之后，考尔比发现，自己面前的这座"梯子"实在是太矮小了，根本不能够一下子望到成功。他认为书记员的工作机械而单调，长时间工作下去，并不利于自己未来的发展。

考尔比的心中很清楚，如果他经常与小人物待在一起，那么自己绝对不会有太大的发展空间。于是，他下定决心与一个大人物亲密地进行接触，并且将此人当作自己学习的榜样。经过再三考虑，他最终选定了海·约翰，因为他的心中很清楚地知道自己将来也想要成为那样的人。

于是，他向公司递交了辞呈。没过多长时间，他就成为了海·约翰上校的手下。海·约翰后来出任过国务卿和美国驻英大使。那个时候，考尔比想得十分清楚，倘若一直在原公司干下去，自己的未来不会有什么太大的发展，但倘若在海·约翰身边工作，那前途可以说是一片光明。

倘若你不认为自身有不足之处，那么你就不会有想要改变现状的想法，当然也就不会产生一种引领自己向前冲的动力。倘若你有了理想就感到满足了，并且只是将理想当作在现实生活中遭遇磨难时的一种精神慰藉，那么你就大错特错了。理想真正的用处在于通过对比现实，将未来的可能性明确地展现出来。

聪明人会在刚开始时设计好路线，然后遵照预先画好的路线从现状所在的位置出发，通过不懈的努力与奋斗，慢慢地靠近自己想要抵达的目的地。在这个过程中，聪明人会设立不少小目标，然后积极努力地将距离自己最近的目标实现，因为这能在相对较短的时间内实现。每当实现一个小目标时，你会因为这进步而感到开心不已。原地休息片刻以后，会再次鼓起劲来，继续冲向第二个目标。

与我们距离最远的目标，是人生的终极目标，刚开始的时候，可能不易看清。在所有目标中，最为模糊的目标自然是最远的目标，相比眼前的小目标，最高的目标的确是十分遥远的。可是拿破仑说过："倘若一个人都不知道自己要到什么地方去，那么他绝对不可能走得很远的。"

每个心怀远大梦想，立志创造一番宏图伟业的人都会对贝尔发明电话的功绩羡慕不已。然而，贝尔是不是在刚开始时就将发明电话当作自己一生奋斗的目标呢？很显然，答案是否定的。他之所以可以成功地发明电话，是由于刚开始时他就朝着另外一个现实的目标努力奋斗着。

刚开始的时候，贝尔在一所聋哑学校担任教员之职，并且迎娶了一名聋哑学生作为自己的妻子。为了能够让妻子听到声音，他想要发明一种可以使用电的特殊工具。经过长时间的努力，一次又一次的试验，在偶然的机会中，他成功地发明了电话。

可是这真的只是一件偶然的事情吗？其实不然。他只不过是一心一意地工作，竭尽所能地解决当下的问题，最终完成了一个远大的目标。

虽然你一直不断地眺望前方，但是，当你实现一个目标以后，是不是会产生激流勇退的念头呢？如果是这样的话，那么你就不可能成为一个杰出人才。做出这样选择的人，会过早地熄灭生命中的耀眼火焰。人生的真正意义，就在于每天都有新的变化，在于干出一番伟大的事业。只想着躺在过去的光环下面，安安静静地过完一生，是一种消极的、不正确的想法。杰出人才不管取得多大的成绩，都会一直努力地奋斗，直到耗尽自己的最后一丝气力。

农家出身的施瓦伯就是一个依靠自己的努力与奋斗，最终获得成功的人。他曾经担任过好几位总统的顾问，与全球不少国家的领导人都是好朋友。他认为：人生的目的与终极目标应当是永无止境的追求。他曾经说："有人问我，倘若一个大商人赚到了大量的钱财，是不是就意味着他实现了人生的目标呢？我给他的回答是，倘若一个商人认为自己已经实现了人生的目的，那说明他还不能算是一个真正的大商人。有成就之人即使到了生命的尽头，依旧会保持着勇往直前、奋斗不止的昂扬斗志。"

　　只有不断地眺望前方，你才可能持续地前进。因此，你一定要有目标，然后可以很清楚地"看见"目标实现的样子，对于你的大脑与神经系统来说，该目标是确定无疑的。该目标会成为你走向成功的基础，给你带来胜利的感觉，会鞭策你不断地前进，从而成就最成功的自己。

人生最大的贵人，
永远是你自己

在这个世界上，每个人都是与众不同的。你就是你，你不需要根据别人的眼光与标准来对自己进行评判，甚至对自己进行约束。其实你根本不需要总是模仿别人，坚持自我，保持自己的本色，这才是最重要的一点。

伊丝·欧蕾来自加利福尼亚，从小就十分害羞，十分敏感。因为她长得很胖，再加上一张圆脸，让她看起来更胖了。她的妈妈是一个很守旧的人，认为在穿着方面只要宽松舒适即可。

因此，她在穿着上一直选择那些看起来比较朴素且十分宽松的衣服，从来没有参加过聚会，也没有参加过娱乐活动，即便上学之后，也从来不与别的小朋友一同到户外进行活动。因为她特别害羞，而且害羞的程度已经达到了不可救药的地步。在她看来，自己与别人是不一样的，别人是不会喜欢自己的。

长大之后，伊丝·欧蕾与一个比她大好几岁的男人结婚了，但是她仍然非常害羞。她的婆家是一个自信、安稳的家庭，但在她的身上似乎找不到一点儿婆家的优点。

　　生活在这样的环境中，她总是想尽一切方法来改变自己，希望自己能够做到像婆家人一样，但是结果总是差强人意。婆家人也想给她提供帮助，让她从封闭当中脱离出来，但是婆家人善意的行为不仅没有帮到她，反而让她变得更加封闭。她变得十分容易紧张，动不动就发怒，尽可能地不与朋友接触，甚至就连听到门铃的声音都感到很害怕。她明白自己就是一个失败者，但是她不愿意让自己的丈夫发现。

　　于是，在公共场合中，她总是努力地让自己表现得非常快乐，甚至有的时候表现得有些过头，所以事后她又会非常沮丧。正是由于这个原因，她的生活中没有快乐，她不知道自己的生命有什么意义，甚至还想到了自杀……

　　幸运的是，伊丝·欧蕾最终没有自杀，那么到底是什么让她的命运发生了改变呢？原来，这要归功于一段十分偶然的谈话！

　　欧蕾在书中写道：这一段十分偶然的谈话将我的整个人生都改变了。

　　有一天，婆婆在说起她是怎样带大几个孩子的时候，这样说道：“不管发生什么事情，我都坚持让他们保持本色。”

　　“保持本色”这句话仿佛黑暗中的一道闪电将我的世界照亮了。我终于顿悟了——原来我始终都在勉强自己，让自己去做一个不合适的角色。就这样，我整个人在一夜之间发生了很大的变化，我开始让自己学着保持本色，并且努力寻找自己独特的个性，尽可能地弄清楚自己到底是一个怎样的人。

　　我开始对自己的特征进行观察，对自己的外表与气质加以注意，在挑选服饰时也尽可能地结合自己的特点，选择适合自己的。我开始努力地交朋友，参加一些活动。我第一次表演节目的时候，简直紧张坏了。可是，我每多开一次口，就会多增加一些勇气。一段时间之后，我的身上发生了极大的变化，我觉得自己很快乐，这是我以前根本不敢想的。

从此之后，我将这个宝贵的经验告诉自己的孩子们，这是我在历经了很多痛苦之后才学到的——不管发生什么事情，都要坚持自我，保持自己的本色！

这个坚持自我的问题，基尔凯医生指出，"任何人都存在"。多数精神障碍、神经疾病及心理问题的病因，追根究底往往是不愿意坚持自我。帕特里在报纸上发表了几千篇有关培养儿童性格的文章，出版过13本书，他曾说："没人会悲惨到不能坚持自己的思想个性，并且被迫去变成他人。"

好莱坞这种模仿他人之风最盛行了。好莱坞著名导演萨姆·伍德曾说过，现在他最头疼的问题是帮助年轻演员改掉这个模仿习惯，从而坚持自我。这些年轻人都想成为二流的拉娜·特纳或三流的克拉克·盖博，"观众已经见识过那种风格了，"萨姆·伍德一直不停地告诫他们，"需要新鲜感的刺激"。

萨姆·伍德从事导演之前好多年都在从事房地产行业，因此培养出一种营销人员的性格。他认为商业圈中的一些原则在电影行业也完全适用，模仿别人的方式绝对不会一炮而红的。"经验告诉我，"萨姆·伍德说，"不去模仿其他演员，坚持自己个性的演员成名较快。"

卡耐基询问过朋友保罗——他是一家石油公司的人事主任，求职时人常犯的最严重错误是什么？在这方面他极有经验，他面试过的人超过6000名，还曾写过一本《求职六招式》的书。他答道："求职者易犯的最大错误，就是不能坚持自我。他常常不够坦率，所回答的问题都是他认为你想听的。"可是这没用，因为没有公司愿意雇用虚伪而不实在的员工。

卡耐基认识一位公交车售票员的女儿，名叫凯丝·达利。她一直想当歌手，但是她的容貌是最大的障碍，她的嘴太大，还是上龅牙。她在新泽西的一家夜总会里第一次登台演唱时，试图拉下上唇遮住牙齿，以使自己显得很高雅，结果却显得相当滑稽，这就注定她会失败。

幸运的是，当时夜总会有一位男士在座，并认为她很有歌唱天分。他很坦率地对她说："在这里我看了你的表演，我能看出你要掩饰什么，因为牙齿很难看、很羞愧对吧？"那女孩听了感到很尴尬，不过那人继续说，"龅牙又怎么了？龅牙又不犯罪！不要刻意去掩饰，张嘴唱歌，你越随意发挥个性，听众越会喜欢你。再说，你现在千方百计要遮掩的龅牙，将来可能正是你的财富呢！"

凯丝·达利接受了那人的建议，把龅牙忘得一干二净。从那以后，她集中精力全神贯注在取悦观众上。她尽情歌唱，后来成为电影及电台最受欢迎的流行歌星，现在别的歌星反而想要模仿她了。

威廉·詹姆斯曾说过，普通人的大脑开发运用的程度不超过20%，多数人不太了解自己有哪些才能，不知道如何充分发挥，"与应该达到的使用标准相比较，其实人们还有一半以上的潜能未被挖掘出来。我们仅仅运用了一小部分头脑的能力，可以说人被自己定的标准限制住了，我们天生被赋予了丰富的资源，却常常无法运用自如。"

既然诸多未开发的潜能是我们与生俱来的，就不要再浪费时间担忧自己不如其他人。在这个世界上你是独一无二的，前无古人，后无来者。

卓别林开始演电影时，导演让他模仿当时的著名笑星，结果他的事业毫无进展，直到他开始坚持自己的个性，才渐渐成名。鲍伯·霍普也经历过类似的过程，多年前他曾经为歌舞剧献力，直到发挥自己幽默的独特本领才真正走红。

玛丽·玛格丽特在第一次去电台进行表演的时候，曾经尝试着去模仿一个深受观众欢迎的爱尔兰笑星，但最后以惨败告终。直到她将真正的自我表现出来，以一名来自密苏里州乡下的淳朴而真实的姑娘出现，才得到了观众们的认可，摘取了纽约市最受欢迎的广播主持荣誉称号。

金·奥特瑞一直努力地想要将自己的得克萨斯州口音去掉，并且在穿着方面也极力地模仿城里人，甚至还对外宣称自己真的就是一个纽约人，结果引来了别人的不屑与背地里的嘲讽。后来，他重新抚三弦琴，将自己家乡的乡村歌曲演绎出来，为他在广播影视界站稳脚跟奠定了坚实的基础。

每个人都是一个独一无二的个体，我们应当为此感到庆幸。所以，请善待自己的天赋吧。追根到底，一切艺术都好似一种自传。你只能将自己的特点唱出来，将你自己勾画出来。你所拥有的经验、所处的环境以及所得到的遗传因素等，造就了现在的你。不管怎么样，你都应当用心地经营自己的小花园，不管是好还是坏，你都应该在生活的交响乐中将属于自己的乐章演奏好。

爱默生在一篇名为《自信》的散文中这样说道："总有一天，人会明白，嫉妒是最无用的情感，邯郸学步就相当于自杀；不管结果到底是好还是坏，自力更生才是唯一的出路。虽然宇宙到处都是美好的事物，但是唯有辛勤地耕种属于自己的田地，到了收获的季节才能够赢得大丰收。上天赐予每一个人的能力都是与众不同的，唯有自己努力地开发与运用，才能够对自己所具有的天赋有一个全面的了解。"

正视自己的阴影，
悦纳自己的不完美

　　卡耐基的辅导课上来了一位名叫兰卡斯的女士，她今年22岁，看起来十分忧虑。她告诉卡耐基，因为她无法照顾自己，所以到现在也只能与自己的姐姐住在一起。在上课时，兰卡斯总是一言不发，低着头坐在角落里，她不肯抬头看别人的眼睛，而且经常不自觉地用手指敲击自己的桌面，使别的学员都无法集中精力。课间休息时，她总是独自蜷缩在角落里，不与任何人交流，用餐时，她也从不与人搭档。

　　卡耐基走到她身边，问她是否能够接纳自己身上"可怜"的特质，她疑惑地望着卡耐基说："不，先生，我从未觉得自己'可怜'，事实上，我非常讨厌那些故作可怜去博取别人同情的人。当然，也包括我的姐姐。"

　　其实兰卡斯在内心深处认为自己并不可爱，但她并未意识到这一点，因为她潜意识里非常抵触"我不可爱"这样的信念，当然，她也就无法看清自己。她拿来与自己做比较的，是在她心中比她更不可爱的姐姐，所以她并不了解别人对她的真正看法。当兰卡斯了解到自己"并不可爱"时，她开始学会悦纳和包容自己的这种特质。她认清了自己真正的性格，并且成为了自己的主导者。几个月后，她就找到了一份不错的工作，并且从姐姐那里搬了出去。

悦纳真正的自己，应该从认识自己开始。我们每个人的心里都会有一些消极的特质，包括胆怯、愤怒、自私、懒惰、贪婪、浮躁、脆弱、控制欲、报复心、虚荣心……这些特质通常都存在于我们身上，但却被我们极力掩饰和压制了。这些消极的特质并不会因为我们的否认而消失，它们只会在潜意识中藏起来，并且悄悄地影响我们对自己的认同感。可以这么说，即使再极力掩盖自己消极的特质，我们也会由于它们的存在而不信任自己，而只有彻底揭露这些特质，真正地认识了自己，我们才有可能成功地接纳自己。

约翰·威尔伍德在《爱与觉醒》一书中，将人的内心比喻为一座城堡。不妨想象一下，你的心是一座雄伟的城堡，里面有数以万计的房间，每个房间都代表你内心中的一种特质。小时候，那些房间都是完美的，你可以无所顾忌地出入每一个房间，每个房间里陈设的物品都是你的珍宝。长大后，有人进入你的城堡，告诉你应该将几个不完美的房间的门锁起来，你照做了。后来，越来越多的人造访你的城堡，于是出现了越来越多的阴暗房间。你发现这些房间里的东西不符合你的要求，甚至让你感到恐惧和羞耻，于是你索性将它们的门都锁上了。

随着时间的推移，你的城堡变得面目全非。你再也不能像小时候那样自由出入每个房间。那些曾经让你感到自豪的房间现在给你带来了耻辱，你恨不得让它们立刻消失。然而，你不能否认的是，它们依然是城堡的一部分。每个房间都对应了你内心的一种特质，它们有好有坏：勇敢与怯弱、善良与邪恶、无私与贪婪、优雅与粗俗……而我们应该做的，是将它们的锁打开，重新进入那被我们遗忘的房间，去打扫它们、整理它们。只有正视自己的心灵城堡，才能拥有完整的自己，才能诚实地对待自己。

罗伯特·布莱将这种被隐藏的消极特质称作"每个人背上负着的隐形包袱"，我们可以把它称为阴影。大多数人都对自己心灵的阴影感到恐惧，不愿意面对，其实只要正视自己的阴影，悦纳自己的不完美，就能找回完整的自我。

认识自己，从探索自己的内心开始，那么如何探索自己的内心呢？

首先，从别人身上找到自己的投影。

别人的缺点，很有可能也是我们自己的缺点，只是很多时候我们不愿意承认罢了。

卡耐基在课堂上提出这个观点后，卡耐基的一位学员这样对他说道：

"我从不愿意承认我的内心跟那些令人讨厌的人是一样的，每当我看到一位举止粗俗、缺乏教养的人，我都会打心底里鄙视，我觉得我们之间没有任何共同点。虽然您告诉我，我的心里有与他们相同的特质，但是我根本无法说服自己，因为我怎么都找不到与那些人类似的地方。

"直到有一天，我在火车上遇到一件事情，我的观点才彻底改变了。与我同一个车厢的一个女人忽然对她的孩子破口大骂。我对这件事的第一反应是：'这个女人简直太粗暴了，我绝对不会像她那样对待自己的孩子。'可是我的脑海里紧接着闪过另外一个念头：'如果我的孩子不小心把牛奶洒在我那件昂贵的礼服上，我会出现什么样的反应呢？我一定也会暴跳如雷，可能比这个女人更加愤怒呢。'那一瞬间，我总算领悟到了，我们总是以批判的眼光来看待别人的缺点，而事实上，别人表现出来的特质同样也存在于我们的身上。其实我与那位女士一样，缺乏耐心、容易生气，只不过我没有遇到特定的情况，所以没有在这一刻表现出来而已。"

的确，许多时候，别人就是我们自己的镜子。我们可以从别人的身上找到自己特质的投影，而只有承认和接纳了这种特质，我们才会拥有真正的自由。心理学家肯恩·威尔伯在《认识阴影》一书中写道："自我层面上的投影现象非常容易辨认。如果我们仅仅是感觉到某个人或某种行为的存在，那么这通常不会带有我们的投影，而如果我们感到了他们对我们的影响，那么他们很可能就带有我们的投影。"

比如你走在街上时，看到旁边的人随手扔了张废纸，尽管你意识到这种行为非常不好，但你并未产生非常反感的心理，那么就说明你在这方面没有阴影。反之，如果你非常反感，甚至怒不可遏，那么有可能他的做法就是你自己的投影。因为有可能你曾经也做出过一些这样的事情，受到过批评，所以不能原谅自己，因此对这种行为产生了极大的反感。如果你发现自己对某些人的某种特质非常敏感，那么就应该注意了，你可以以此为契机，找出自己内心被隐藏或者排斥的特质。

如果我们在批评他人之前，能够先静下心来反思一下自己，就会发现，那些批评的语言同样适用于自己。那些被我们压制的消极特质，可能会在我们意想不到的情况下忽然爆发出来。所以当你骂别人"笨蛋"、"懦夫"时，不妨停下来想一想，这样的形容是否同样适合你自己。

其次，直接揭露自己的消极特质。

我们可以鼓起勇气向别人询问他们对你的真实看法。当然，这绝对不是一件容易的事情，因为所有人在挖掘出自己长期受到压制的消极特质时，都会产生剧烈的情感波动。但是，为了改变自己的生活，我们需要有足够的决心。其实对自己的阴影进行了解，并不会丧失我们的本性，而是能够使我们更好地认识自己。

只有接受了自己的阴影面，我们才能更容易地接受外界和他人的不完美或阴影面。

例如，我们无法接受自己生气，当然也无法接受别人生气。或者，暴风雨是自然现象，我们认为它们是坏的，于是不接受和抗拒。又或者，别人吐口水，因为你自己不接受，所以也会对别人进行批评和指正。

而真相是：自然界是完整的，但不完美，人也是这样，无论是自己还是他人。

对于这些我们不能接受的，我们只要做一件事，承认它的存在。只要承认它的存在，允许它是那个样子，一切都将在无形中转变——实际上是自己在转变。

自爱，
是一切美好的源泉

法国著名的大文豪伏尔泰曾经说过这样的话："自爱是我们一定要珍藏的工具。它好似人类所需要的永恒的备用品。它非常有必要，非常可贵，它给我们带来欢乐。因此，我们必须珍藏之。"

一个拥有正能量之人，知道怎样去关爱别人，怎样关爱自己赖以生存的世界。可是在此之前，我们首先应当做的是爱自己。学会自爱，才可以将我们的心扉开启，将我们的潜能激发出来，从而促使我们更好地给予别人爱，同时也从别人那里获取更多的爱。

何为自爱？说得简单点儿就是喜爱自己，善待自己；说得严格点儿就是，关怀自己，是自尊、责任以及了解自己。每个人，尤其是那些拥有正能量的人，天生就具备自爱的倾向。

对有着正能量的人而言，自爱是一种非常重要的特质。当一个人在活着的时候，不懂得爱自己，那么她肯定会被自卑、内疚、冷漠以及羞愧等负能量困扰，这就意味着把自己关进一间孤独而冰冷的囚室之中，只能通过十分狭小的缝隙去看外面的世界。

修炼心智的过程是漫长而曲折的，但要做到自爱却很容易，并且可以为你带来非常显著的效果。正如英国的哈利法克斯在自己所写的一本名为《杂感录》的书中所说的那样："自我热爱根本不是缺点，这样的定义是合适的。一个懂得恰到好处地热爱自己的人，必定能够恰到好处地做好其他所有的事情。"

自爱乃所有美好的源泉，当我们给予自己加倍的热爱时，我们生命当中的乐观、自信、活泼、大方、开朗以及热情等正能量，都会被慢慢地激发出来，而这些正能量有助于改善我们与他人进行交往的处境，让我们得到更多的关爱和美好。

对于这一点，许多人都能明白，但仍然有不少人根本没有办法好好地关爱自己，甚至都不曾认真地对这个问题进行过思考。旧习将他们封闭在惯性思维中，这种惯性思维不仅是老套的，而且是无爱的。深陷其中的他们不知怎样将负能量摆脱，甚至都不具有这样的意识。

卡耐基的课上就有一个这样的学生。这个学生的名字叫作吉姆，是一个十分聪明的孩子。吉姆在听卡耐基的课时一向相当认真。于是，有一次卡耐基在讲到最后的时候，就特意将他请到讲台上，让他对自己所讲述的内容发表一下看法。

很明显，吉姆十分兴奋，但也非常紧张。他看起来有点儿害怕，但依旧尽可能地将自己心中的看法表达了出来。

台下的反应算不上热烈，但也有很多人为吉姆的勇气鼓掌。吉姆下台以后找到了卡耐基，非常不好意思地对卡耐基说："卡耐基老师，这对于我而言实在太难了！我没有别人稳重，还有些口吃的毛病。所以，我总是很害怕上台讲话，每每想起我自身的缺点时，我就更没有自信了，我无法准确地表达出自己心中的想法。"

"但是，台下还是有不少人为你鼓掌了。"卡耐基这样告诉他。

"他们之所以会鼓掌，只不过是可怜我，想要给我一点儿鼓励而已。"吉姆依旧没有一点儿信心地说道。

卡耐基想了一会儿，只对他说了一句话："别总想着自己身上的缺点，你发言的缺陷不在于你自身的缺点，而在于你对自己缺乏理性的审视。"

的确，不管是谁，身上都存在着缺点，或多或少，各种各样。然而，懂得自爱之人就会懂得怎样善待自身的缺点，并且努力将其克服。唯有那些不懂得自爱之人，才会无限地放大自身的缺点，从而躲在自卑与懦弱的阴影下混日子。

因此，正视自身的缺点，学会欣赏自己，高兴地接纳自己，是自爱的第一步。而将自己视为无价之宝则是自爱的第二步。

卡耐基有一个做心理医生的朋友，名叫派克。有一次，派克为了给一个17岁的外地病人诊治，自己开着车急急忙忙地赶往纽约。

当晚，他遇到了罕见的暴风雨，路上的能见度基本为零，就连路基与黄线都无法看到。那个时候的派克已经十分疲惫了，但是依旧努力地打起精神紧盯着前方的路面。他非常小心地开着车，最终平安地抵达了目的地。

但就在他抵达目的地的时候，才知道：同样需要开车赶往纽约接受治疗的那个年轻人却在同一场暴风雨中遇到了意外——他的车翻了。

相较于派克的路程，那个年轻人要走的路途短很多，但他却出了意外。在与年轻病人见面以后，派克这样说道："约翰，你知道吗？你不懂得自爱，不懂得珍惜自己才是你最大的问题。"

"为何要对他说那样的话？"卡耐基曾经问派克。派克的回答是："因为那个时候我一直不断地告诉自己：'这辆车中装着价值连城的货物，我必须要将这无价之宝安全地送到纽约。'很明显，约翰肯定没有这样做。"

其实，派克口中的无价之宝，并非他的车中真有什么价值连城的宝贝，而是指他自己。他是这样地关爱自己、珍惜自己，将自己视为是世上最珍贵的宝贝，所以，他才可以在如此恶劣的天气下，平安地到达纽约。

自爱是极其重要的事情，当我们将自己视为价值连城的珍宝时，我们也就获得了世界上最为宝贵的东西。

当然了，倘若仅仅是自爱而不懂得自省的话，那么就会坠入自傲自负的怪圈中，世上的任何人都不可能是完美的，因此，自爱的第三步便是认识到自己的不完美，并且朝着向更好的方向努力。

这三个步骤并非递进的，而是并列的，只有同时将这三点做到，自爱才能够好似一口美好的活水，源源不断地涌出来，让我们的生活变得更加美好。

第 *4* 章

酸甜苦辣咸，
都要积极地面对

握不住的沙，
就撒了它

　　女人可能是天生就缺少安全感，总是想要紧紧地将现在所拥有的握住，生怕哪一天就会失去一样。随着不断地成长，女人所拥有的东西越来越多，然而，这并没有给女人带来想象中的满足与快乐，反而使不少女人经常处于害怕失去的忐忑之中。而那些性情洒脱的女人，却是每天都洋溢着幸福的笑容，总是乐呵呵地享受着生活。因为她们懂得"握不住的沙，就撒了它"。

　　在我们成长的过程中，失去是我们无时无刻不在面对的现实。当我们第一声啼哭时，我们已经失去了对母亲身体的依靠；接着我们开始了我们的求学生活，再接着我们就失去童年；随后，逐渐步入中年的我们失去了如花般的青春年华；再后来孩子又让我们失去了太多自我的时间；等孩子长大了，我们也慢慢老去。回首我们的一生，我们会失去很多东西，有成长所必须经历的，也会有天灾人祸所带来的意外失去。如果在每次失去之后，我们都深深地懊悔自责，这样我们就会在懊悔自责中失去得越来越多。所以，面对失去，女人们要做的是整理好自己的心情，迎接下一次挑战，重新出发。

　　女人们，你要知道，有时候，失去也许是为了更好的收获。就好比千里马失去了到磨坊拉磨的机会，才得到了将自己真正的才能施展出来的机会。失去并不代表着不能再拥有，反而可能会让你们拥有真正属于自己的东西。

　　1898年冬天，在玛丽维尔外的农场住着卡耐基一家人，他们幸福快乐地生活着。然而一个意想不到的灾难却在这个冬天悄悄降临了。由于债台高筑，这个倔强的场主、卡耐基的父亲詹姆斯·卡耐基的沮丧和忧郁情绪与日俱增。为了改变命运，他长年累月地辛苦劳作，长期承受着沉重的生活负担，结果导致他的身体状况越来越糟糕，在他47岁也就是1898年的冬天，罹患了精神崩溃症。他停止进食，变得极为憔悴。当医生告诉卡耐基太太，詹姆斯的寿命将不会长于6个月的时候，站在一旁的戴尔·卡耐基还不到10岁。小卡耐基握紧拳头，一边对着医生晃动，一边大声吼道："你撒谎，你撒谎……"他不相信这是真的，他不能接受这种事实，更不敢想象6个月以后辛苦一生、积劳成疾的父亲将阖上双眼、与世长辞的凄凉景象。

　　虽然他父亲的身体在后来慢慢地得到了好转，并没有像医生预计的那样，但10岁的小男孩已开始懂得家庭所遭遇的不幸。同时，父亲的悲观也越来越重地在戴尔心里投下阴影。但也正是在这样的环境下，小卡耐基慢慢地懂得了：当一部分失去了，如果已无法挽回，那么就要积极地面对。不要为失去的徒增伤悲，不要为失去的部分而过分哭泣，关键的是要为拥有的开心，并好好地珍惜。

环境本身并不能够让我们感受到快乐或者不快乐，这一切都源于我们自己的内心。当我们面对命运的考验，我们应该有忍受灾难、悲剧、磨难的信心，直至战胜它们。我们的内在力量是如此的坚强，只要我们好好利用，它就能帮助我们克服一切困难。

一个聪明的女人要懂得"旧的不去新的不来"的道理，这句谚语用浅显直白的话语描述了失去与获得的关系。比如当我们手里有一个玻璃杯子，这个玻璃杯中盛满了白开水，如果我们这个时候想要喝牛奶，就一定要倒掉玻璃杯中的白开水，因此，有的时候，失去反倒是另一种获得，所以，女人们，即便我们失去了一些自己曾经非常渴望的东西，也不需要过于伤心，有失去才会有新的获得。我们唯有正确地对待失去，才能够用失去换来更棒的收获。

司马迁是中国史上一个十分伟大的文学家、史学家。他曾经受到惩罚，被人施了宫刑，关入大牢之中。在大部分人的眼中，司马迁失去了不容侵犯的人身权利以及作为男人的人格尊严。但是，他并没有因为这个原因就消沉堕落，而是利用被关押在大牢的时间来研究自己喜爱的史学，最终为后人留下被誉为"史家之绝唱，无韵之《离骚》"的《史记》，他也因此受到了一代又一代人的尊敬与敬佩。

司马迁确实失去了很多，可他却因此获得了之前自己恐怕无法取得的成就。于我们，又何尝不是如此呢？

每个女人的一生中，失去总是在所难免。然而通过这些失去，也让我们有所获得。我们从失去父母的依靠中学会了独立，我们从失去的童年中懂得了纯真，我们从失去单身生活的自由中得到了爱情，我们从失去的青春年华中得到了成长。正是由于这些失去，让我们慢慢地变得优雅而从容。因此，我们必须要牢牢地记住：失去是人生的必经之路，失去并不是获得的对立面，而是获得不可缺少的组成部分。

失去，
不等同于不幸

在每一个女人的成长过程中，都会伴随着无数的失去。因此，我们不应该因为失去而感到惊慌失措。要知道，失去并不代表不幸，因为有了失去，我们才能够重新拥有；我们在播撒失去之后，才能够享受收获的喜悦。

因此，女人们，面对每一次失去，我们要学会用乐观的心态来对待，我们要学会为失去感恩，勇于承受失去的事实，获得重新生活的勇气。当我们失去了曾经拥有的美好时光时，不要为自己的过错而责备自己，正是这次失去，才让我们明白时间的宝贵，我们要从中吸取教训。"塞翁失马，焉知非福"。有时，在苦难的境遇中，经常隐藏着上苍留给我们的很大的惊喜，所以我们要学会为失去而感恩。

如果我们一直在为自己一时的失去而不断抱怨，一直沉浸在失去带来的阴影中，我们就浪费了宝贵的时间，同时我们也将失去一次收获的机会。因此，在失去时，我们不必过于忧伤，我们要在失去中得到教训。

一阵大风吹走了一个正坐在轮船甲板上看报纸的人的帽子，那是他上船前刚刚新买的帽子，可是此刻已落在大海之中。只见他用手摸了一下头，看看正在飘落的帽子，又继续看起报纸来。另一个人大惑不解："先生，你的帽子被刮入大海了！""知道了，谢谢！"他继续看报。"可那帽子值几十美元呢！""是的，所以我在想应该省钱再买一顶！帽子丢了，就算我心疼难过也于事无补，正好我可以再买一顶新款式的。"说完这番话，那人又继续看起报纸来了。

失去就是失去了，我们再难过、再伤心也无济于事。那我们又何必为失去而耿耿于怀呢？在生活中，我们经常会失去很多东西，如果在我们失去之后，再失去了快乐的心情，失去了再次拥有的热情，那岂不是失去的更多吗？

有一档很火爆的鉴宝节目，一天来了一位70多岁的老人，拿着一幅祖传古画，要求宝物鉴定团的专家做鉴定。据说老先生去世的父亲生前说这幅画是名家所作，价值数百万。老先生自己又不懂，因此想请专家加以鉴定。结果揭晓了，专家认为它是赝品，连一万元钱都不值，全场唏嘘……主持人问老先生："您一定很难过吧？"老人的回答让大家很意外。老人微笑着说："这样也好，我不用担心会有人来偷这幅古画了，我也可以安心把它挂在客厅里了。"

是啊，有时候失去了反而能够让我们得到轻松。

世上的事情难以预料。我们谁也不想让不幸的事发生在自己身上，但如果发生了，你应该怎样去面对呢？

小美的钱包被人偷走了，她很是心烦，因为不仅仅是钱不见了，身份证也在那个丢掉的钱包里，这让她愁眉不展，她的户口在邢台，而她在北京打工，办身份证还要来回跑，很麻烦。

不过，这样的烦恼并没有持续很长时间，一个朋友的话让她顿时醒悟，心情也立即变好了。朋友对小美说："钱包已经不见了，你再怎么想，它也不可能重新出现在你的面前。钱丢了事小，如果好心情没了，影响你的情绪，让你不安，这会影响你的食欲，影响你的健康，那就太不值得了。身份证办起来是很麻烦，却让你多回家几次，增加了与家人的沟通，这也是一件挺好的事情呀！"朋友的一番话使小美的心情豁然开朗起来。如果换一个角度来思考问题，或许失去也不是一件坏事。

小美与其朋友面对生活的态度是积极向上的，当生活的挫折和磨难来临时，女人们就是要用一颗乐观、豁达、健康的心去面对，那样你会发现其实生活处处是美好。例如，当不小心丢失了刚发的工资，当你最喜爱的自行车被人偷走了，当你相处了好几年的恋人拂袖而去，这些不愉快的事情都会给我们的心里投下阴影，使我们为此伤心难过，甚至一蹶不振。但是当我们换个角度想问题，就会发现原来很多问题并不像想象的那样复杂。与其为了已经失去的自行车而感到后悔、懊恼，还不如想想如何才能再买一辆新自行车；与其为了已经离去的恋人而感到万分痛苦，还不如赶紧振作起来，重新开始新的生活，重新去争取新的爱情。俗话说得好："旧的不去，新的不来。"

　　每个女人都不能逃避失去，然而在面对失去时，其所持的心态却不同。有的女人总是倾向于追忆失去的东西有多么好，有多么珍贵；有的女人则很豁达洒脱，她们在失去了原有的一些美好之后，不是一味地伤感，而是主动寻找新的美好来代替。她们相信，失去并不意味着伤感，失去后还可以重新拥有更多，这才是聪慧女人应具备的心态。

　　其实，失去就相当于一个交换机，当上帝从你的左手拿走一样东西时，他会将另一样东西塞到你的右手，所以人生总是在不断地失去和拥有。拥有快乐，失去烦恼；捡到幸福，丢掉悲伤。女人们，无论我们将来会面对什么样的失去，最为重要的就是能够满脸笑容地面对，不要一味沉浸在失去的悲痛中，就将获得喜悦的遗忘了。

没有绝对的幸福，
也没有绝对的不幸

在现实生活中，有很多女人在遇到不幸的时候，总是不断地抱怨，认为上天对自己太不公平了。其实，是否幸运完全取决于我们自己，上天对每个人都是公平的，是不会对谁有所偏爱的。

作为女人，在生命的长河中，我们难免经历一些困难，正如我们经历许多快乐一样。世界上没有绝对的不幸，这要看我们如何面对，如果拥有积极的心态，我们就可以把它变成我们成长过程中宝贵的经历。因此，面对困难，我们要有足够的信心，努力地摆脱生活中的阴霾。正是因为我们经历过不幸，才能深刻体会到幸福给我们带来的甜美。

有这样一个故事：

一个很有钱的富翁，凡是用钱可以买来的东西，他都要买来享受。然而，他却觉得自己一点也不幸福快乐，他非常困惑。

一天，他突然产生了一个新奇的想法，把家里一切值钱的黄金珠宝、贵重物品统统装入一个很大的袋子里面，然后开始去旅行。他作出了一个决定：只要谁能够将幸福的秘方告诉他，他就把袋子中所有的东西都送给他。

富翁寻找了很长时间，有一天来到一个面积不大的村庄。当地的村民对他说："你最好去见一见我们这里的智者。"他怀着万分激动的心情来到了智者的家中，对正在打瞌睡的智者说道："这个袋子中装着我这一辈子积攒的财产，只要你能够将幸福的秘方告诉我，我就将这个袋子送给你。"

这个时候，天已经很黑了，夜幕早已降临。智者顿时睁开眼睛，抓起富翁手上的袋子就朝外跑去，富翁立刻追了出去。但是，他毕竟不是本地人，没多长时间就跟丢了。富翁十分懊悔："我被骗了，我一生的心血啊。"

不一会儿，智者拿着袋子走回到富翁面前，富翁看见失而复得的袋子，立刻抱在怀中直说："太好了。"

智者问他："你现在觉得幸福吗？""幸福，我觉得自己太幸福了。"富翁答道。

智者说："其实这并不是什么特别的方法，只是人们对于自己所拥有的一切视为理所当然，所以常常感觉不到幸福的存在，而一旦失去，才体会到幸福原来就在自己身边。"

所以，幸福与不幸都不是绝对的。当悲剧降临的时候，整个世界好像停下来不再前进了，我们的悲剧仿佛会一直持续下去。然而，倘若我们能够战胜悲哀，继续前行，回忆那些快乐的往事，我们就能够感觉到幸福一定会到来的，从而代替我们心中的悲哀。不幸也并不完全是糟糕的事情，它也可以变成一种动力，督促我们立即展开行动，从而让我们最终从困难的处境摆脱出来。

1868年，一个美丽的女孩出生在希腊的一个富豪人家，然而因为一场事故，女孩丧失了走路的能力。医生说，只要能坚持做复健，还是有重新站立的可能。然而，女孩子一直沉浸在不幸的痛苦中，没有尝试的勇气。

一次，女孩的家人带着她一起坐着船出去旅行散心。船长的太太对孩子说，船长养着一只天堂鸟，非常漂亮。女孩听了之后，十分想去亲自看看，就拜托自己的家人去找船长。但是片刻之后，女孩实在耐不住性子继续等待了，她就向船上的服务生提出要求，马上带她去看一看船长的天堂鸟。可是那个服务生并不清楚女孩是不能走路的，就带着她一同去看船长的天堂鸟。

就在此时，奇迹发生了，女孩出于内心的渴望，居然忘记了要拉着服务生的手，自己缓缓地站了起来，从此女孩终于可以重新站立。这件事让她懂得了，没有什么不幸是绝对的，只要用勇气去面对。此后，女孩变得非常坚强，做事情很有毅力。女孩子长大后，非常热爱文学事业，她在文学创作中忘我地工作着，最后成长为了首位获得诺贝尔文学奖荣誉的女性。她便是茜尔玛·拉格萝芙。

所以在困难面前，只有我们保持永不屈服的精神，就有机会获取成功。如果我们在刚开始的时候就被困难打败了，那么我们的人生就会是一个令人叹息的悲剧。

女人们，面对困难时，不要抱怨。命运是公平的，它在向我们关闭一扇门的同时，又为我们打开另一扇窗。世上的痛苦往往可以相互转化，任何不幸、失败与损失，都有可能成为对我们有利的因素。

聪慧的女人知道，人生的圆满并非乏味、平淡的幸福，而是用心面对一切不幸，"不幸"能够将隐藏在我们内心的潜能激发出来。倘若不是情势所迫，需要我们善加利用身体中的潜能，那么，这巨大的能量很有可能永远被埋藏在我们的身体中而得不到释放。

生活之中遇到困难是在所难免的，关键是我们要做好充分的准备，来迎接困难和挑战。

女人们，从现在开始，倘若你在生活中遭遇了不幸，那么就尝试着勇敢地去面对，唯有这样的你才能够信心十足去迎接美好的明天。

不为明天而烦恼，
不为昨天而叹息

　　每个女人都想要过轻松而快乐的生活，但在此之前，我们应当学会有选择地接受生活赋予我们的东西，做到取舍得当。正如一个伟大的哲人所说的那样："记住该记住的，忘记该忘记的，改变不能接受的，接受不能改变的。"但什么是应当记住的，什么又是应当忘记的呢？女人们，一起来看看下面的小故事吧。

　　在遥远的阿拉伯国家，有个叫阿里的作家和他的两位朋友吉伯、马沙相约去旅行。三个人经过一个山谷的时候，马沙不小心滑了下来，多亏了吉伯，拼命地将他拉住，他这才保住了小命。于是，马沙在旁边的大石头上刻下了一行字："某年某月某日，吉伯救了马沙一命。"

　　三个人继续向前走。几天之后，当他们走到一条小河边，吉伯与马沙因为一件很小的事情发生了争执，吉伯在很生气的情况下给了马沙一耳光。马沙跑到附近的沙滩上写下一行字："某年某月某日，吉伯打了马沙一耳光。"

当他们旅游归来，拥有强烈好奇心的阿里就问马沙："为何要在石头上记录下吉伯救你的事情，而在沙子上记录下吉伯打你的事情？"马沙笑着答道："因为我要永远记住吉伯曾经救了我的生命。而对于他打我的事情，将会随着沙子的流动而忘记。"

人生的旅途中亦是如此，铭记别人给予自己的帮助、支持和恩惠，忘却自己对别人的怨恨、不满和挑剔！这样在人生的旅程中你才能更加自由、幸福和快乐。

人们能够对别人的恩惠和支持铭记一辈子，但是对于别人对自己的伤害也往往不能释怀。前者是该记住的，而后者的不能忘记会让我们犹如背着沉重的负累。

在一个美好的夜晚，一个年纪不大的学生，从公寓走出来去寄一封信。当他将信放入邮筒往回走的时候，遇到了十几个不良少年，并且遭到他们的殴打。非常不幸的是，那个学生在救护车来到之前，就已经咽气了。

警察用了两天的时候，将那些不良少年全部逮捕了。社会大众得知此事后，都强烈地要求对那些不良少年们进行严厉的惩处，各大报纸也纷纷表示应当采取最为严厉的惩罚措施。

但是，这位死去的学生的父母却寄来了一封出人意料的信。在这封信中，学生的父母要求尽量减轻对那些少年的惩罚，并且还筹集了一笔数目不小的基金，当作那群孩子出狱重生以及社会辅导的费用。

他们不想怨恨那群少年。毫无疑问，他们的内心经历过非常痛苦的挣扎，并且需要具有极强的意志力，才能够不去怨恨那些害死自己孩子的少年们。他们只是对控制那群少年内心的病态性格进行怨恨。

他们盼望着那群少年能够从粗暴、残忍、仇恨、病态的虐待中得到重生，为了帮助那些少年甚至还专门提供了一笔基金。

生活中，女人们要想活得轻松，就要学会抛弃一些东西，尽管它们很是顽固地想要攀附在我们身上。自夸、自私、贪婪、讽刺、仇恨、嫉妒、自怜、邪念、自我意识强烈……这些性格就好像是寄生在身上的水蛭，会带给她们痛苦，使她们生病，甚至夺走她们的生命。所以，适时放下、忘记才会使她们活在幸福中。

作为女人，去爱一个可爱之人并不是什么难事，难的是去爱不可爱之人。要求自己去体谅一个骄傲自大、蛮横无理、尖酸刻薄、自私粗鲁之人，这的确是一项很大的考险。而要忘记曾给自己造成伤害的人和事情就更非易事，而这又是一个成熟聪慧女人所必备的能力。

一个拥有人生智慧的女人，要懂得忘记一切毋需铭记的，以求难得的轻松自由；铭记一切不可忘记的，以获取同样难得的饱满与充实。

上帝曾经造了两个人，并让他们到人间去体验生活。在这两人中，一个人的名字叫作"忘记"，另外一个人的名字叫作"铭记"。"忘记"是个年轻的姑娘，每天都是乐呵呵的，她对人间万物产生了浓厚的兴趣，每天都兴奋不已。"铭记"则是一名心事重重的中年妇人，她到人间之后，将所经之事一一铭记在心。

当这两个人被重新叫回来的时候，上帝对她们在人间的感受进行询问。"忘记"面带笑容，抢着回答道："人间有趣极了！"不过，当上帝询问有趣在什么地方的时候，"忘记"满脸迷茫，不知道该怎么回答。当上帝询问"铭记"的时候，她给出的回答是："做人实在是太累了！"这也难怪，"铭记"在人间自始至终都在铭记，这使她背上了相当沉重的思想包袱，感觉到累是很正常的。

上帝听了两人在人间的境遇，先是哈哈大笑，后来又颇有感悟地说道："看来，对待万事万物都不能太偏激。"

人生在世，忘记是宝，铭记是福。然而一个女人如果一味地忘记，她的人生固然十分轻松，但也非常空虚而乏味，没有什么快乐可言；而一味地铭记，肯定会让自己的思想压力太大，也没有什么快乐可言。因此，真正聪明的女人懂得忘记和铭记同样重要，应当将这二者结合起来。

没错，忘记和铭记就是一对双胞胎，不可以偏向任何一个，不然的话，肯定会遭受极端之苦，遭受偏废之累。在现实生活中，有很多事情固然是需要忘记的，但也有不少事情是需要铭记的。因此，女人一定要懂得合理地忘记和铭记。只有这样，才能够让自己的人生变得轻松而快乐。

即使风雨再大，
也要微笑前行

在现实社会中，作为女人的我们可能经常会有这样一种感觉：财富在不断地增加，但满足感却在持续下降；拥有的越多，快乐就会越少；沟通的工具越发多了，但深入的交流却越发少了；认识的人愈多，真诚的朋友却愈少。

为什么我们现代女性会越来越多这样的感觉呢？在当今社会，生活节奏越来越快，女人的压力也日益加重，有这样的感觉也不足为奇。人生在世，不可能总是顺心如意的，要么遭遇困难与挫折，要么碰到某种变故，要么被烦心的人与事困扰。不过，这些都属于正常现象。但是，有些人在遭遇这些情况的时候，就会感到惊慌失措、心烦意乱、垂头丧气、悲观失望、痛苦不堪，甚至丧失继续生活下去的勇气。

倘若放任这样悲观的情绪发展下去，那么就会对人的思维判断造成不良影响，就会对人的言行举止产生不良刺激，就会对人面对生活的勇气造成极大打击。比如，当你遭受老板的责备之后，你就会感到情绪低落；当你被别人误会的时候，你就会感到委屈与愤怒；当你丧失亲朋好友的时候，你就会感到万分悲痛。这样的你会深切地感受到自己活得非常累，活得非常不开心，活得非常不幸福。

一个深谙生活艺术的女人之所以天天笑容满面，是因为她懂得用阳光般的心态面对生活，看到阳光的一面。所谓阳光心态，就是一种积极的、向上的、宽容的、开朗的健康心理状态。因为，它会让你开心，它会催你前进，它会让你忘掉劳累和忧虑。

苏格拉底在没结婚之前，曾经与几个朋友挤住一个小房间中。虽然那个房间只有七八平方米大，但是他每天却过得很高兴。

有人问苏格拉底："你们那么多人住在那样小的房间中，就连转个身都十分困难，为何你每天还那样开心？"

苏格拉底回答："与朋友们生活在一起，在任何时候都能够交换彼此的思想，交流彼此的感情，这难道不是一件令人高兴的事情吗？"

随着时间的推移，朋友们一个个地都成家立业了，也都相继从这个小房子中搬了出去，最后，小房子中只剩下苏格拉底一个人。不过，他每天依旧过得很高兴。

那人又问苏格拉底："现在，那房子中只有你一个人，多孤单啊，为什么你还那么高兴？"

苏格拉底回答："我有许多好书啊，一本好书就相当于一个老师，我与那么多老师生活在一起，随时都能向他们请教，这难道不应该高兴吗？"

又过了几年，苏格拉底也结婚了，住进了一座很大的楼中。这座楼一共有七层，他住在最低层。在这座楼中，低层的环境是最差的，不仅十分潮湿、嘈杂，而且还不怎么安全，楼上总是向下倒污水，扔各种各样的脏东西，比如，臭袜子、死老鼠等。

那人看到苏格拉底仍然是一副高高兴兴的样子，再次好奇地问道："你住在那样的环境中，也觉得开心吗？"

"当然了！"苏格拉底说，"你都不知道一楼有多少好处啊！比如，一进门就到自己的家里，不需要爬很高的楼梯；搬东西的时候也很方便，不需要花费太多的力气；朋友来家里做客非常容易，不需要一层层地去叩门——尤其令我感到满意的是，可以在空地上养花、种菜，那些乐趣，简直说不完！"

一年之后，苏格拉底将自家在一楼的房间让给了一位家中有偏瘫老人的朋友。他搬到了这座楼房的顶层，也就是第七层。他每天依旧活得很快乐。

那人挪揄地问道："亲爱的，你现在住七层，说说都有哪些好处吧？"

苏格拉底笑着回答："好处嘛，自然非常多呢！我就举几个例子吧：每天上下楼的时候，就是很不错的锻炼机会，对于身体健康是很有利的；光线非常好，看书或者写文章的时候不会对眼睛造成伤害；没有人在头顶上干扰了，不管白天还是黑夜，都十分安静。"

后来，那人见到了苏格拉底的学生——柏拉图，他问道："你的老师每天都过得那样快乐，但是我却觉得，他每次所处的环境都十分糟糕啊。"

柏拉图给出的回答是："决定一个人心情的，并非环境，而是自己的心境。"

　　苏格拉底之所以在不同的环境都能保持乐观的态度，是因为他看待每样事物的时候，总是看到它好的一面，不在乎它的坏处，这样他的心境开阔，自然就快乐了。世间万物都具有两面性，我们从不同的角度去看待它，自然就会有不同的心境！如果像苏格拉底那样，总是从好的一面去欣赏一样事物，我们就会总是快快乐乐的，但如果从相反的角度看待该样事物的话，也许消极的心态会令我们永远都快乐不起来。

　　聪慧的女人都应该拥有苏格拉底那样的心态，永远看到生命中阳光的一面，那样的我们就如同掌握了开启快乐之门的钥匙。当你遭遇挫折的时候，它会给你战胜挫折的勇气，它会让你相信"方法总比困难多"，让你去检验"世上无难事，只要肯攀登"的道理。

　　当然，我们的生活总不免会有阴霾，但我们又时时需要阳光的温暖，每当这时，我们就要相信自己，调整心态，给自己制造阳光。也要相信别人，给别人带去阳光；其实，我们的一颦一笑、一举一动都是我们获取阳光的途径，只是我们容易忽略而已。微小的幸福就在身边，容易满足就是天堂。

　　女人们，从现在开始，让我们保持积极乐观的心态，坚信我们的身边布满了阳光，这样一来，我们心中原本已经荒芜的绿洲，也会逐渐地恢复生机，我们生活中那些迷人的鸟语花香、潺潺流水以及生机勃勃的绿色，也会重新回归我们的内心，点缀着我们无限的梦想……

成长，
是治愈伤口的过程

人们常说："女人柔情似水"，但是，在现代社会中，很多女人柔弱的外表下，藏着一颗无比坚强的心。在世俗的观念中，女人在受伤以后，想要恢复是很难的。其实，这种观点是错误的。现代的女性往往不惧生活的磨难，她们都很坚强勇敢。面对苦难的来袭，她们不会逃避退缩，而是勇敢面对，主动迎接磨难的洗礼，她们的内心足够强大，她们坚信，自己的人生航向由自己主导。

聪慧的女人懂得要关心自己，懂得要给自己适时地疗伤。她们不会沉溺于伤口给自己带来的痛楚，因为她们懂得，人生就是这样，每处伤疤都代表着成长，每次挫折也意味着转折。所以，她们会抹去眼泪，仔细观察自己的心，给自己安慰，此刻的她们已经开始了新的生活！有时候，成功就在伤口愈合的那一刻！

作为女人，最怕受到哪种伤害呢？估计还是感情吧！事业受挫也会让女人受伤，但是它的伤害程度，在感性的女人心里，不会超过感情的伤害。有时候，我们爱窥探明星的心理，想看看明星的恋爱，想看看明星在感情受挫后如何给自己疗伤……

其实，明星也是普通的人，他们的心和我们一样脆弱。当感情的伤害到来时，他们的痛不会比我们少一分一毫。而其中的坚强者也向我们展示了他们在这种情况下的魅力，他们懂得保护好自己，懂得为自己疗伤！不管通过何种方式，至少他们有勇气让自己重新开始。

任何陷入情网的女人，一旦感情结束，都会被伤害得遍体鳞伤。因为迷情，因为爱怜，所以不舍，所以受伤。可是，如果面对失恋，不是放手而是苦苦纠缠，那只会增加痛苦，就像你被河里的水草缠绕，越挣扎越下沉。倘若不去在意、选择忘记，则会重新迎来生命的艳阳天。

梁咏琪在与郑伊健分手之后，在自己的母亲、好友及书籍的陪伴下，她心灵的创伤很快就痊愈了。对于梁咏琪而言，失恋给她带来了很大的打击，但是她巧妙地运用分散法为自己进行疗伤。就像她自己所说的那样，爱情遭遇重创，并不意味着人生就此玩完了。只要你用心地去感受，细细地去体会，还是有不少值得你感动和珍惜的。多么睿智的女人，她的伤心，从她的歌声中我们都能体会得到，但是，她在尝试通过各种方法尽量让自己减少悲伤。

而一向给人带来欢笑的谢娜，伤口只会更加激发她的斗志。她忘我地工作，分散自己的注意力，让自己的伤心在工作中得到释放，而不是沉迷在过去的伤痛情怀中无法自拔。在与刘烨分手后，谢娜以疯狂工作的方法来疗伤，她一口气接下了

《快乐大本营》、《天使任务》和光线的两档节目的主持，由于过度劳累，还一度晕倒在房间里。聪明如谢娜，其实都清楚，生命里并不是只有爱情，也不是只有那样一个人存在，丢了，其实也没什么。我们应该做的，是微笑着为自己疗伤，勇敢地走出阴霾，让自己活得积极、健康、阳光！伤害可以在心里一时，但绝不能吞噬心灵一辈子。

还有韦唯，当她和瑞典钢琴家美好的异国婚姻结束后，受伤的她落寞地回到家乡。同为女人，她的痛楚我们能够感同身受。可是，韦唯并没有让自己一蹶不振，让自己陷在悲伤的情绪中无法自拔。她回到老家，买地、放羊、养牛、喂鸡，用田园生活的惬意，慢慢地治疗着她内心的创伤。

一个爱自己的女人，是不会让自己一直沉浸在悲伤中的。她们会用最适合自己的方法，给自己的心放个假，做个轻松的治疗。她们不会任由伤口肆意嚣张，她们会用最最特效的"良药"，使它迅速地愈合。而伤口愈合的那一刻，就是她们重新出发的时间点。她们身上的"伤疤"，是柔弱的她们身上最坚硬的地方，就好比大树生长的根基，每一年都会有新的枝条发芽成长那样。一处处伤疤见证了女人的成长，让女人像勇士，轻装上阵，无所畏惧，那是一种乐观的坚强。

在伤心了很长时间以后，女人抬起头颅，露出微笑的那一瞬间，整个世界都会送上掌声！因为你获得了成功！你成功地将人生中最大的敌人——你自己战胜了。你的新生活将要开始了，而你也正在前往成功的道路上快速前行。

女人如河，
宽度决定智慧

对于时间长河而言，女人的一生是相当短暂的，如何才能让女人的生命闪现迷人的光辉呢？正确答案是：拓展生命的宽度。

在这个世界上，人的生命是最脆弱的东西，没有一个人能够预测出它会在什么时候结束。唯有人的精神力量，才能够超越生命的本身。所以，女人们，请为自己树立宏伟的目标，然后为之去努力奋斗，那么你所付出的心血、流下的汗水、吸收的智慧，都能够帮助你拓展生命的宽度。

在美国的一个小镇有一位名字叫珍妮·佳茜蒂的小姑娘，在她很小的时候就患了脊椎病，痛苦不堪。即使是小心地搬动她，也会使她因痛苦而晕厥。但是就算处在这样可怜的境地，她也不愿意和社会隔绝。所以，她的母亲每天总是找些本市新闻读给她听，还会找些热门的话题跟她讨论。

有一天，她的母亲给她读了一篇关于工厂女工的文章。文章里讲到，即使在夏天，一些女工也得在厂里工作十个小时以上，而所得的报酬还很少。她听到这篇文章之后，竟忘记了自己的痛苦，对母亲说道："妈妈！你晓得我想要怎么做吗？我不能像别人一样享受生活的幸福，我得做点事情。我想让这些疲惫的女人休息一下，我希望在乡间找一个地方，让这些疲惫不堪的女人到那里去休息2~3个星期，她们可以坐在一起聊天，也可以一起活动，同时还能够领到工钱。"

"我的整个生命和全部精力，都已献给了世界上最壮丽的事业——为人类的解放而斗争。"奥斯特洛夫斯基为了全世界的解放斗争，历经艰辛，虽然双目失明，仍然以顽强的意志创作了长篇小说《钢铁是怎样炼成的》，激励了无数的后人。

一个人生命的长度虽然不能主观决定，但是生命的宽度是可以改变的。春蚕死去了，但是留下了华贵的丝绸；画眉死去了，但是留下了美妙的歌声。人生短短的几十载，女人要努力地发掘自己生命的宽度，让生命的意义延续下去。

在生命的长河中行走，一个富有智慧的女人会将生命之水激荡起来，成为连天碧波，驾驶着自己的生命之舟，快速地驶向辉煌的彼岸，并且在身后留下一抹永远都不会消逝的光芒。

第 5 章

必须狠一次，
否则你永远活不出自己

这世界，
你只有使用权

在美国历史上，有一位很有名望的政治家，他的名字叫作罗勃·史蒂文森。他曾经在公众场合说过这样一段话："倘若仅仅只有一天，不管负担有多么沉重，人们都可以坚持下去；倘若仅仅只有一天，不管工作有多么辛苦，人们都可以努力地完成；倘若仅仅只有一天，每个人都可以快乐、单纯、耐心地活到太阳落山，实际上，这就是生命的真谛。"

如果把生命里每一天都当成"只有一天"，那么相信很多人会把焦点集中在这一天里并全力以赴。可是生活中，很多人却没能这样做。对他们来说，日子很长，他们有太多想去掌控的东西，包括他们的伴侣、孩子和看不顺眼的同事。

有一位女士就疑惑地对戴尔·卡耐基说："卡耐基老师，企图掌控人生不好吗？"戴尔·卡耐基通常会这样回答："企图去抓紧一把沙子只会让沙子流得更快。企图去掌控每件事情，尤其是别人的事情，到头来只会徒劳无功。"如果人能将自己的人生长远规划细分到每一天，每一天都全力以赴就会实现人生的终极目标。但是，无止境的担忧只会模糊"今天"的焦点。

戴尔·卡耐基培训班上的一位女士曾经对他说："卡耐基老师，我对自己的定位非常准确，我也知道以自己的能力，通过两三年的努力一定能成为出色的服装设计师。可是，我真的有太多的阻碍以至于我无法实现理想。是不是结了婚的女人就很难追求理想呢？"

对于这位女士的困惑，戴尔·卡耐基非常吃惊。事实上，追求理想是不分年龄的。很多女人可能会抱怨婚后私人时间大幅度减少，自己仅有的时间都献给了家庭，献给了孩子。在这样的情况下，自己怎么会有时间去追求理想？

为了找到这位女士的问题所在，戴尔·卡耐基询问她每天的时间安排。这位女士告诉他，她每天需要花点"小时间"来检查丈夫的通信工具，了解他的生活动态。当然，她也会为他准备各式精美的小点心。至于八岁大的女儿，她必须在晚上的时候送她去参加钢琴培训班。因为她一直觉得女孩子会弹钢琴是最优雅的事情。

这时，戴尔·卡耐基对这位女士说："那么孩子上课期间，您就可以去干自己喜欢的事情。"没想到，这位女士摇了摇头说："不可以的。我女儿非常抗拒上钢琴班，所以我必须在现场盯着她，不然我支付的昂贵培训费就浪费了。"

"既然您的女儿那么抗拒上钢琴班，为什么您还强求她去上课呢？"

面对戴尔·卡耐基的提问，女士吃惊地看着他说："小孩子懂什么，我这都是为了她好。以后长大，她会感激我的。"

这位女士的孩子以后会不会感激她，戴尔·卡耐基无从知道，但是他已经知道这位女士的问题所在：企图操控别人的人生，让她一直处于很忙碌的状态，从而无暇打理自己的人生。

戴尔·卡耐基没有跟这位女士讲大道理，他只是跟她分享了一则自己朋友圈里的故事。莎莲娜是戴尔·卡耐基多年前结识的一位朋友，她是一位非常强势的女人。她曾经在学校里是个风云人物，做什么事情都雷厉风行，参加任何比赛总是能夺得第一名。

可当她结婚后，一切都变了。由于丈夫的收入还不错，莎莲娜就干脆辞职在家里做全职太太。在接下来的五年里，他们陆续生了三个宝宝。于是，莎莲娜的生活全部被丈夫和三个孩子给占据了。

当时，有朋友曾善意地提醒莎莲娜，不要因为家庭而失去自我，更不要因为家庭而失去自己的人生，忘记进步。莎莲娜也清楚当中的道理，但是她真的很忙。她每天要担心事业有成的丈夫会不会舍弃自己，在外面有没有情人。所以，她要经常抽空进行突击检查，偶尔还要跟踪自己的丈夫。几个子女开始长大，她也为儿子和女儿们分别制定了不同的发展计划。她希望儿子能从小学习金融知识；女儿则一个学习绘画，一个学习芭蕾，从小培养艺术气质。

对此，她的丈夫和子女们都非常有意见。但是，莎莲娜总是霸道地说，之所以这样做都是为了他们好。此后，莎莲娜的孩子们越反抗，她就打压得越厉害。因为她非常害怕遭到丈夫和孩子们的背叛，非常讨厌别人违抗自己的意愿。她真的是为了他们好，为了他们拥有光明的前途才这样做啊！

结果，孩子们越来越讨厌她。然而莎莲娜总是觉得总有一天，当孩子们功成名就时，总会感激她的。这么等着等着，主宰着操控着，莎莲娜最小的女儿都已经20岁了。可就在这年，莎莲娜的丈夫出车祸离开了人世。这位从来都没有背叛她的丈夫离开了她，而且是以一种无法抗拒的方式离开了她。这给莎莲娜带来的打击是巨大的。

就在她需要别人安慰的时候，她的子女却纷纷离开了她。他们无法理解自己母亲的霸道和独裁，所以在父亲葬礼结束后，都以工作和上学为由离开了那个居住了很多年的家，只留下四面空白的墙壁给莎莲娜。

后来，戴尔·卡耐基去看望莎莲娜的时候，莎莲娜自嘲地对他说："戴尔，你看我辛苦努力了半辈子，我得到了什么，得到的只有孤独。我原本是那么的优秀，却在自己满脸皱纹的时候，发现自己的一生一点儿成就也没做出来。"

戴尔·卡耐基没有说什么，只是安慰莎莲娜每一天都是新的一天并劝她积极修复和子女的关系。其实，莎莲娜的悲剧在于她花了全部的时间去操控别人的人生。事实上，每个人都有每个人的人生轨迹。不喜欢钢琴的孩子说不定哪天就能在绘画上干出一番成就，而被困在特定领域的孩子才真的是很难干出一番事业。

戴尔·卡耐基把莎莲娜的例子告诉了那位女士，是希望她能明白，世间的一切我们只有使用权而非永久拥有权。每个人都是我们生命中的过客，我们唯一能做的就是把握好自己的每一个今天，尊重别人的人生，在有限的相处时间里，给彼此留下最美的印象。不要在失去的时候留下遗憾，遗憾自己没能对对方足够好，遗憾自己将精力花在会溜走的事情上，遗憾自己没能好好打理自己的人生。

　　女人们，你们明白了吗？珍惜和亲人生活的时间，尊重他们的生活方式，不要把自己宝贵的时间用于操控和改变别人。当人具有让你不喜欢的习惯时，倘若你可以给予对方善意的建议，那么就请你真诚地说出来吧；倘若你没有办法改变别人，那么就请改变自我尽可能地去接受吧。万万不可将原本应当花费在自己人生中的时间，无端地浪费在别人的身上，即便这个人是你喜欢的人。要知道，在这浩瀚无穷的宇宙当中，无论是谁，都只是一个过客。

等着等着，
你就老了

在这个世界上，不少人都没有过上自己理想中的生活。为此，曾经有一名很有名的心理学家说过这样一句话："人类的理想是最为廉价的，人类的行动力却是最为昂贵的。"的确，活在世界上的人，没有几个人是没有理想的。有的人想过富裕的生活，有的人想功成名就，有的人想环游世界，有的人则希望成为某项技能的冠军。

人人都有理想，而行动力就成为他们之间的最大差距。有的人拥有具体的梦想：他们想成为作家，想成为舞蹈家，想成为设计师。为了实现梦想，他们拥有一系列详细的培训计划和实现计划并为此而努力着。

有的人迟迟还没行动是因为他们觉得时机未到。戴尔·卡耐基碰到很多壮志踌躇的学生，他们经常对戴尔·卡耐基诉说自己理想的伟大。每当看到他们描述理想时激动的样子，戴尔·卡耐基都会问他们："那你为什么还不行动？"通常这个时候，他们会支支吾吾地说："戴尔，我觉得现在不是最佳时机。我是很想创业，可是如果我辞掉现在这份工作，我就会失去经济来源。"

不能实现理想有一千一万个理由。很多人都在为这些理由付出漫长的等待时间。著名的科幻小说作家凡尔纳也曾是当中的一员。

1863年冬天的一个上午，凡尔纳拿着第一部科幻小说《气球上的五星期》，打算寄到出版社里。可是，他拿着这部手稿的包裹在客厅里走来走去。

最终，凡尔纳还是叹了一口气，把包裹放在客厅餐桌上。他的妻子见状，就问他怎么一回事。凡尔纳告诉妻子，自己脑海里总是想到被出版社拒绝的样子，所以实在没有勇气把自己的第一部作品寄出去。

"要不，我再创作一部更好的小说，下次再寄出去？"可是，他的妻子却否定了他的想法，鼓励他要敢于去尝试。凡尔纳听了妻子的话，虽然有些不情愿，但还是硬着头皮把自己的第一部作品寄了出去，果然很快就遭到了出版社的拒绝。

他的妻子又鼓励他把小说投给别的出版社。没想到，凡尔纳把稿子总共投给了14家出版社都遭到了拒绝。凡尔纳心灰意冷，觉得现在是出版淡季，自己的小说又不够成熟，实在不适合再继续给出版社投稿。但是，他的妻子再次持反对意见。她鼓励凡尔纳再尝试一次，因为不尝试永远不会成功。

也就是这一次的尝试，打开了凡尔纳通往著名科幻作家的光明大道。在第十五次投稿的时候，凡尔纳的稿子终于被出版社接受，出版成为正式的书籍。如果凡尔纳一直在等待，那么他就不会迎来事业上的突破。如果你总是在等待，那么得到的结果就是变老。

"有想法就去做，不要迟疑，不要等待，因为你永远不知道下一秒钟会发生什么事情。生命就是一场奇妙的冒险。"说这句话的人是戴尔·卡耐基的好朋友艾迪。

艾迪是著名的金牌婚介代理人。早在很多年前，婚介机构还没兴起的时候，艾迪已经跟戴尔·卡耐基说过类似的想法。

当时，艾迪给好朋友介绍了不错的女友，两人相恋继而走入婚姻的殿堂。当这对朋友结婚时，艾迪非常激动，觉得非常有成就感，于是萌生了成立婚介机构的念头。

戴尔·卡耐基鼓励艾迪积极去实践这个想法，因为他是真心喜欢这个行业的，但是，艾迪却迟疑了。他跟戴尔·卡耐基说害怕别人认为他一个大男人却从事这样的行业。因为这个"迟疑"，艾迪打消了这个想法。

三年后，艾迪再次跟戴尔·卡耐基说起这个想法，戴尔·卡耐基依旧表示支持他。但是，谈及缺乏行动力，艾迪解释估计创业初期会面临很多困难，其中最大的困难是别人愿不愿意相信婚介机构，愿不愿意走进婚介机构，通过这样的方式去寻找人生伴侣。

因为这个想法，艾迪再次放弃了行动。等到第一家婚介机构成立时，戴尔·卡耐基估计艾迪会再次跟他提起这个话题。这个时候，不等艾迪找借口，戴尔·卡耐基先对他说："艾迪，你是不是觉得第一家婚介机构赚取了不少利润，很多人会跟风开设婚介机构，所以现在开始创业估计赚不到什么钱？你是不是还觉得第一个成立婚介机构的人已经成为了行业龙头，自己再怎么努力也无法超越对方？"

艾迪吃惊地看着戴尔·卡耐基，疑惑地问他："戴尔，你怎么知道？"戴尔·卡耐基笑笑告诉他，从他第一天开始找借口的时候，就知道他永远都不会开始去做这件事情。因为人只要开始为某件事情找第一个借口，就会跟着找第二个、第三个，永无止境。从等待的第一秒开始就注定事情会永远等待下去。成功者都是行动派，他们从不迟疑，从不等待，总是想到就去做。

很多时候，人们把等待这个事情归结为"拖延症"。可很少人去了解"拖延"背后的本质。根据戴尔·卡耐基对培训班学生的研究，他发现所有拖延的背后都有一颗"不自信"的心。人们对即将要从事的事情没有把握，害怕失败后会丢脸或者得到什么样的后果，诸如负债等等。所以他们给自己找借口，好让自己觉得错过机会也不值得可惜。

原本，戴尔·卡耐基以为艾迪这辈子也就是嘴上的行动派了。可没想到五年后，消失的艾迪再次找到他，如今的他已经成为10家婚介连锁机构的执行总裁。戴尔·卡耐基很惊讶艾迪的改变，问他成功的原因。结果，艾迪跟他说，是车祸改变了自己。一次交通意外差点结束了艾迪的生命，经过半年多的治疗才获得痊愈，艾迪出院的第一天就着手准备成立婚介机构的事情。用他的话说，不知道哪一天，他的生命就突然走到了尽头，所以他必须不去怀疑任何事情，跟着自己的心走。

149

就是在这种想法的影响下，艾迪才彻底地改变了自己，从此走上了更为广阔的人生之路。正如艾迪所说的那样，人生是无法确定的，谁也不知道下一秒钟会发生什么事情，因此我们唯一能够做的便是：不要再等待，从现在起就开始努力地实现自己的梦想，这样一来，我们的人生才不会留下遗憾。

如果不开心，
就找一个角落哭一下

众所周知，现代社会是一个竞争已经进入白热化的社会。我们生活在这瞬息万变的社会中，往往会觉得自己背负着相当大的压力。为了避免遭到社会的淘汰，为了提高自身的生活水平，我们竭尽所能地改变自己、完善自己，想尽一切办法为自己进行充电。可是在此过程中，我们不免会遇到各种各样的挫折。

有时候，我们明明很努力去付出，但是心仪的那个职位却交给了似乎没有像自己那样努力的同事。我们为了某个项目连续好几个月加班到深夜，到头来一句"不适合"就否定了之前全部的努力。这时，我们就会有沮丧、难受和痛苦的情绪。

面对这些消极情绪，有的人选择爆发出来，在家人、同事面前咆哮，摔东西；有的人则把痛苦压在心里，努力对别人强颜欢笑。不管是以上哪种做法都不利于心理健康，甚至还会影响别人对自己的评价。如果心中反复去强调它或者找不到宣泄的途径，就会变成强大的心理压力，影响我们的日常生活和工作，严重的还会引发心理疾病。

有不少女学生问戴尔·卡耐基："戴尔老师，当我遇到不开心的事情应该怎么处理呢？"戴尔·卡耐基经常笑着告诉她们，最简单的做法就是多想些开心的事情，这样不痛快的心情会变得好起来。像女人们，还可以吃点平常喜爱的小零食，在合理的范围内购下物，约朋友去痛快地玩一场，再不行就找个角落或者在被子里哭一下。当然，这些戴尔·卡耐基都强调是在合理的范围内！比如说，你不能透支信用卡去购物，否则给自己带来巨大的经济压力，非但让你难过的事情得不到解决，还会让你陷入新的困境里。

美国作家斯宾塞·约翰逊博士也比较推崇躲在角落里或者被子里哭泣的方法。因为他曾经这样说："我不开心、发怒的时候，我绝对不会让别人知道，我会赶快走开。"

美国钞票公司的伍德赫尔也想出了一个不错的方法来宣泄他的情绪。年轻的时候，伍德赫尔在某公司当一名小职员。当时，他的心情很差，因为上司并不重用他。他认为以自己的能力，这样提升太慢。的确，时下不少青年人都有这样的感觉，但是如果他们把这种不开心的情绪写在脸上，势必会引起上司的不悦，还会影响到他们的前途。那么伍德赫尔是用什么方法来宣泄不满的情绪呢？

后来在对伍德赫尔的采访中，他声称："有一段时间，我非常不开心，时常感到压抑，我甚至觉得我不得不辞职。于是，在我写辞职信之前，我取了一支笔和一瓶红墨水，然后把我对公司里每个人的指控都写了下来。我写得很棒，还用了不少形容词。最后，我把纸收了起来，发现心情好了很多。"

此后，伍德赫尔只要不开心的时候，就会把让他不开心的事情给写下来，把不能对别人诉说的话给写下来。不仅如此，在伍德赫尔成功之后，他还把这个方法分享给身边的人。每次他对别人说起这个办法，别人都会惊讶地问："你这么成功，拥有这么多的财富，还会有不开心的事情吗？"伍德赫尔用比别人更惊讶的语调说："那当然，我也是一个人啊。"

是的，无论多么成功的人都会有不开心的情绪。这些情绪可能跟自身的情感有关，跟家人朋友有关，也可能来自工作。像伍德赫尔说的，只要是个人，都难免会有不开心的情绪。所以，学会合理宣泄负面情绪是一个人成熟的表现，是一个人走向成功的必备条件。

千万不要小看这些负面情绪。情绪低落自然做不出精彩的工作方案，这是再浅显不过的道理。

有人曾说，女人是最情绪化的动物，但戴尔·卡耐基不赞同这句话。因为在他看来，这句话的言下之意是认为女性们都不能控制自己的情绪，都是情绪的奴隶。虽然事实一再证明，很多女人会被自己的情绪所绑架，似乎全世界最糟糕的事情、烦恼、痛苦都降临到她们身上，她们很难快乐，她们每天都抱怨自己不够幸运。但是，令我们感到欣慰的是，多数女性通过阅读相关的书籍，参加相关的培训班后，情绪掌控能力会得到提升。不少女性冷静和果断的程度不亚于男性，甚至开始担任国家重要的职务和一些公司重要的职位。

简单地说，女人们，只要你有这个意识，知道积压坏情绪是不好的，需要适度地宣泄，在人前要控制并去学习和掌握相关的技巧，你就能成为情绪的主人，成为一个不会在人前失态，活得相对快乐的人。

有一次，戴尔·卡耐基的培训班上来了一位非常苦恼的女士。她对戴尔·卡耐基说："戴尔老师，帮帮我好吗？我真的好难过。我真的受不了我自己，虽然我知道这样不好，可是我经常会为鸡毛蒜皮的事情在人前失控，丢脸地大哭或者发脾气。"

听完她的话，戴尔·卡耐基知道这位女士明显已经意识到坏情绪宣泄不当是一件不好的事情。这对她掌握控制情绪和学会合理宣泄情绪是非常有利的。那些随意在别人面前暴露自己情绪的人，非常容易掉进别人精心设计的陷阱。当然，上司也不会把重任交给这样一个容易激动、情绪化的人。

戴尔·卡耐基告诉这位女士，不要轻易在别人面前哭，因为除了让你获得毫无意义的同情之外，你只会成为别人的笑柄。如果你经常用哭或者闹来要挟心爱的人以解决你想处理的问题，那么久而久之心爱的人就会对你感到厌烦。

这位女士听完戴尔·卡耐基的话，吓了一跳。她疑惑地问："戴尔老师，你的意思是如果我经常这样对待我的丈夫，他可能会离我而去，对吗？"戴尔·卡耐基点了点头，并告诉这位女士，没有人希望成为别人坏情绪的垃圾桶，也没有人有义务和责任去这么做。在心爱的人面前适度宣泄情绪是可以的，但经常这样做会让人感到讨厌。所以，如果下次难过得想哭的时候，不妨找个没人的地方或被窝，稍微哭一下。哭泣后，要积极地告诉自己："好了，我的坏情绪已经宣泄掉了，该努力生活，好好地爱身边的人，骄傲地抬起头在同事和朋友面前出现了。"

果然，半年后这位女士告诉戴尔·卡耐基，通过他的方法，她不仅不会成为朋友圈里"烫手山芋"，跟丈夫的感情也越来越好了。因为看到她的进步，她的丈夫也由衷地赞美了她。

这正是宣泄情绪所带来的益处。如果一个女人的身体中充满了垃圾情绪，那么她就好像一支带刺的玫瑰，尽管十分美丽，但却没有一个人想要靠近。因为被扎的次数多了，有了血与痛的教训，谁也不愿意再做那个倒霉蛋。因此，女人们，如果感觉不开心了，那么就悄悄地躲起来哭一下吧，千万不要让自己变成别人眼中的可怜鬼与讨厌鬼。

能力，
是女人最极致的性感

有一天，戴尔·卡耐基在阅读一本名叫《星期六文学周报》的报刊时，看见了菲利斯·麦克金利写的一篇文章。在这篇文章中，她这样写道："倘若你要指责学校的教育方式非常糟糕，那么你必须要说出你的评价标准。曾经，我在各种场合痛骂学校很多年。时光飞逝，我渐渐不骂了，因为我发现无论多么糟糕的学校，总有好的一面。有一次，我路过学校一个文学风景区，那个地方聚集了各种类型的古典英文作品，可我却在痛骂学校的时候与它失之交臂了。所以，后来当我好奇走过去的时候，我十分惊讶。我竟然错失它这么多年。从此，我疯狂地在这里阅读，弥补当年失去的时间。"

这段话对戴尔·卡耐基的触动很大。他想把这段话送给每个女孩、每位女士、每位家庭主妇、每位妈妈。很多时候，我们总是不满意自己所处的环境和氛围。有些女孩认为学校的学习环境和教育制度非常糟糕，有些女人则认为自己所处的企业升迁机制太不人性化，还有些女人认为当个全职太太很压抑，甚至全职妈妈们抱怨孩子太闹腾。种种抱怨让我们蒙蔽了双眼，让我们觉得缺乏一个有利的环境和时机，所以无法施展才能。

于是，很多人在等待，等待糟糕的环境快点结束，好让自己像极力奔跑中的狮子一样奋发向上。更加有趣的是，这些人都在抱怨自己不够幸运。他们觉得命运对待他们不公平，他们没能享受很好的物质生活条件。别人在乘坐豪华游轮，自己却在挤公车；别人在参加奢华的酒会，自己却在啃面包。

通常有人向戴尔·卡耐基这样抱怨的时候，他会故作惊讶地说："难道你不觉得自己很幸福吗？别人在玩命奋斗的时候，你却躺在床上吃着薯片，看着电视剧。他们很可能还在加班的时候，你却在呼呼大睡。究竟谁比较幸福？"

奉劝那些拥有远大理想的女孩们，如果你想拥有理想的未来，那么就要放弃舒适的现在。现在如果不奋斗，未来你还是那个不够幸运的自己，你还是会有各种不如意。这番话，戴尔·卡耐基曾多次在训练班上强调。

有一次，一位叫黛莉的女生就对戴尔·卡耐基说："戴尔老师，坦白说，我的家庭环境还过得去，我目前的生活无忧。我对未来也没有太大的企图心，一直希望能过上平平淡淡的日子。所以，我现在不玩命奋斗应该没有问题吧？"

当然，戴尔·卡耐基给出的答案是否定的。可是，这位女孩却反复强调，自己真的不奢求过上非常富裕的生活。可是，她不知道每个人的成长都背负着很多重任，生命也充满着很多的变数。这个阶段，她能过上安逸的日子，可是谁能担保她可以一直这样平平淡淡下去呢？当然，如果可以，戴尔·卡耐基还是祝福这位女生能如愿过着平凡的日子。

生活永远是现实的。再次见到这位女生已是20年后。当时，戴尔·卡耐基走进一家超市选购需要的物品，这位女生叫住了他。看到她的时候，她双目无光，头发凌乱，神态疲惫。戴尔·卡耐基先愣了一愣，在他的记忆里似乎不认识这么一位女士。等到她再次自我介绍，他才想起这位曾经家庭环境还过得去的"女孩"。

戴尔·卡耐基讶异她的变化，她低着头对他说："戴尔老师，我后悔自己没能好好听你的话。"原来，这位女士家里曾经营货运公司。后来，货运公司在运输一批货物的时候出了交通事故，一对夫妇在事故中去世，而货物也因此被暂时扣押而无法按时交货。在这个事故中，除了支付给受害人巨额的赔偿款之外，还需要支付货物误期的损失费用。一下子，这位女士的家庭陷入重大的经济危机之中。她的父亲因无法面对现实而选择跳楼，最终被救活却终身残疾。她的母亲无法面对现实而病倒了，一下子，她成为这个风雨飘摇家庭的支柱。

可是不久，她的女儿就出世了。于是，这位女士疲惫地奔跑在工作和照顾父母女儿上面，完全没有什么时间去打理自己和自我充电。

听到这位女士的悲惨遭遇，戴尔·卡耐基非常难受。他相信在这样艰苦的环境下，她是无法去通过自我提升改变命运的，因为她的时间被重要的事情给占据了。戴尔·卡耐基也很认可这位女士说的话。她对戴尔·卡耐基说，当时他给她意见后，她的家庭还维持了八年的风光时间。如果在那段悠闲的日子里，她认真狠下心去学习一门特长，也许今天她就不用在超市给人打工，也许今天她有能力雇用专业的护士来照顾自己的父母，自己就不用这么疲惫了。

是的，在环境优越的时候，在有空的时候，不玩命地奋斗，得到的结果是总有一天被命运玩弄。生命的多变性注定它不可能一成不变。所以，奉劝很多在舒服环境里的女人们，千万不要忘记奋斗。等到遇到逆境，再想奋斗可就要难上百倍、千倍了。不要抱怨现有的生活不够如意，这一切都是由你之前的奋斗所决定。你如今过得多么舒服，将来就会过得多么艰难。反之，你如今多么努力，将来就会过得多么舒服。一定要谨记：在这个世界上，99%的人的命运都掌握在自己的手中，现在不玩命，那么将来命就会玩你！

走别人的路，
自己便没路可走

在美国的好莱坞，很多人都是通过模仿某个明星而获得了成名机会。于是，一时之间，这种模仿名人的风气大肆盛行。毫无疑问，在成名的道路上，模仿巨星是一条最快的捷径。但是，问题也随之而来。有一个巨星是璀璨的巨星，有10个相似的巨星却怎么看怎么别扭。时间长了，人们就只认可正牌的巨星了，而这些模仿者却变成很多观众眼前的过客。

每个人生来都是独一无二的。不管你长相美艳，还是容貌普通，你都是浩瀚的宇宙中特别的那一位。如果你把自己当成一流的人，那么你必定会成为最棒的自己。相反，如果你一直在模仿别人，那么你终究成为不了别人，最多只能成为二三流的人。

从密苏里州的玉米田来到繁华的纽约时，戴尔·卡耐基想报考的是美国戏剧学院，他希望自己能成为一名演员，认为这是通往成功的捷径。于是，他仔细琢磨当时几位当红的演员并把他们身上的优点全部都放在自己身上。当时，他还为自己的聪明暗暗窃喜。其实，这样的做法很不明智，他浪费了好几年的时间在模仿别人上，最后才发现自己把他们每个人都学得不怎么像。

如此失败的遭遇本该让他回心转意，可是，他却没能吸取教训。几年后，他为了写一本有关演讲的商业书，又借用了其他著名作者的观点。最后，他再次发现自己犯了非常愚蠢的错误，把别人的文章拼凑在自己的书里，反而变成一本理念多而杂、不成派系的商业书。结果可想而知，他把这本辛辛苦苦拼凑了一年的书交到各位书商手里，却没有一个人对它感兴趣，最后只能把这本书扔进垃圾桶里。

这一次，他对自己说："你就是戴尔·卡耐基。你必须凭自己的能力来开创未来，让自己成为一个品牌。"从此，他放弃模仿别人的念头，放弃拼凑别人的做法，把自己真实的演讲经历写成一本像公开课的书。当时，此类书籍在市场上从未有过，所以，他成功地按照自己的想法打造出了一个品牌。

无论你是个什么样的人，永远都不要放弃自己，更不要愚蠢到去模仿别人。麦当娜虽迷人，但是你自身的条件未必适合去模仿她，而你心仪的另一半也未必喜欢像麦当娜一样的女人。

所以，无论你的心中有多少位偶像，不管你对别人的生活是多么地羡慕，你必须谨记：再怎么模仿，也不可能变成别人，反而会让自己增加心理负担。反之，倘若你用心地走出属于自己的道路，那么你也能像成功人士那样过上自己想要的优越生活。

每个女人，
都有自己的了不起

　　有一天放学之后，戴尔·卡耐基的一位女学生找到他，说道："戴尔老师，我这次的演讲简直太糟糕了。当我刚刚站起来的时候，我就感觉自己做了一个相当愚蠢的决定。有的时候，我非常厌恶自己的不自信，但是我又无能为力，不知道应该怎么办。"

　　戴尔·卡耐基笑着对这位女学生说："你的自我认识很到位。"听戴尔·卡耐基这样说，这位女学生更来劲儿了。她坐下来仔细跟戴尔·卡耐基分析她的各项缺点。戴尔·卡耐基吃惊地对这位女学生说："为什么你总盯着自己的缺点看呢？为什么总是觉得自己比别人差劲呢？你演讲得不好并非因为你的缺点，而是你没有把自己的优点给发挥出来。虽然你不够自信，但是你的条理性是非常棒的。这点在课堂上很多人是比不上你的。"

　　任何女人，不管漂亮还是不漂亮，不管身材好还是不好，都不要把眼睛盯在自己的缺点上，而不懂得欣赏自己的优点。

事实上，不管是普通人还是某个领域特别成功的人，在他们光鲜亮丽的外表之下都隐藏着缺点。生活中，很多女人习惯盯着自己的不足，这样就会形成惯性思维，认为自己有缺陷，天生不如某些人，这个不行，那个也不行。久而久之，这些女人就会觉得非常痛苦，认为幸运跟自己无缘，自己一辈子只能过着不如意的生活。

曾经，有个乞丐来到了一座庭院，向庄园的女主人乞讨。这个乞丐很可怜，因为他的一只手连同手臂都断掉了。可是，女主人却非常不客气地指着自家门前一堆砖块让乞丐帮忙把它们搬到屋子后面。

乞丐听后很是愤怒地说道："我只剩下一只手，你怎么还叫我搬东西呢！如果你不愿意给就别给，何必捉弄我呢？"女主人听后并不生气，而是故意示范用一只手搬一趟砖，然后对乞丐说："你看，我的要求并不过分。这并不是一件非要两只手才能完成的活。我能做，你为什么不能做呢？"

乞丐愣住了，过了许久，他才用一只手搬起砖块。整整花了两个小时，他才完成这项任务。而此时，他的头发和背部都被汗水浸透了。女主人递给这个乞丐一条毛巾和二十块钱，乞丐接过钱就跟女主人道谢。可是，这位女主人却冷冷地说："不用谢，你凭自己的力气赚钱，何必谢我？"乞丐听后，非常感激，深深向女主人鞠了一躬就离开了。

很多年后，一个穿着十分体面的人来到了这座庭院。他穿着时尚整洁的西装，看上去气度不凡。美中不足的是这个人没有右手，他的右边衣袖里只有空气。他一上来就两眼泪汪汪地抓住女主人的手说："如果不是你，如今我就不会成为一家公司的董事长，还是当年那个乞丐呢。"

女主人还是冷冷地说："你不用感谢我，你应该感谢你自己。你能成功是因为没有再因为自己的不足而感到烦恼，没有把目光只盯在缺陷上而忘记看自己的优点。"

是的，一个人不可能全身都是缺点，即便那个人是个乞丐。人人都有优点，只是有的人眼睛光顾着看自己的不足，忘记去欣赏自己的了不起。然而，有的人则无时无刻盯着自己的优点看，活得轻松和自在，过着潇洒的日子。

挪威的王妃梅特就是一个典型的例子。比起很多皇室出身正统、举止优雅的皇妃，梅特太不同了。她没有上过大学，还生过一个私生子，并曾吸毒。在遇见挪威王储哈康之前，她还有着一个拿不出手的职业——餐馆的女侍应。

梅特的条件比很多女孩还要糟糕，但是，她并没有因此而自卑。她认为自己热爱生命，敢于负责所以才生下孩子。至于自己的职业，梅特认为靠劳动赚钱并没有什么不好。她昂着头，过着随意而自在的生活。她也从没对身边的人，哪怕是挪威王储哈康隐瞒任何自己的"污点"。

当她和挪威王储哈康陷入热恋之后，她努力用自己的行动向皇室证明，自己是一个敢作敢当的人。她甚至毫不隐瞒地跟挪威的年轻人分享自己生子和吸毒的经历，希望年轻人以此为戒。正是梅特这种勇于面对自己"污点"，敢作敢当，随性生活的性格深深吸引了哈康。在哈康的坚持下，皇室最终接受了这名浑身都是缺点的平民王妃。

然而，令人大跌眼镜的是，除了辞去工作努力充电之外，梅特依旧我行我素，经常不修边幅还带着孩子外出旅游，过着惬意随性的生活。而挪威王哈康更是支持她，认为真我本色才是他爱她的原因。那些一直支持她并以她为榜样的年轻人也都继续追随着她。

听了这两个例子，戴尔·卡耐基的那位女学生感触很深。她难以置信地对戴尔·卡耐基说："戴尔老师，是真的吗？乞丐也能变成总裁？生过孩子吸过毒的女孩也能成为王妃？"戴尔·卡耐基点了点头，告诉她只要愿意相信自己，其实每个女孩都有自己的了不起。这些"了不起"很可能是不起眼的小特长，很可能是某项兴趣，也可能是真我的个性。只是，当眼睛关注的焦点锁住了不足，自然就会被不足掩盖住这些"了不起"的光环。

当然，生活中很多女孩也对"了不起"有误解。她们总是认为"了不起"的女孩就应该在很小的年龄就干出超乎寻常的事情，应该站在舞台上发光发热，应该成为人群中极少数的人。其实，大可不必用放大镜看待这些"了不起"。是金子都会发光，只是发光的程度不同而已。只要你愿意去打磨它，它就会变得越来越闪亮。

果然，才几个月工夫，戴尔·卡耐基的那位女学生在后来的演讲上获得了满堂喝彩。虽然，她的演讲还不够熟练，还是能从颤抖的声音中听出她的紧张，但是由于她的条理性非常好，大家都被她这一优点给吸引住以至于忘记她的不足了。

　　所以，无论你是一位很年轻的女孩，还是一位成熟的女人，抑或是一位年纪很大的老妈妈，只要你愿意将自己的优点挖掘出来，那么你就能够成为一个自我感觉很了不起的人。即便你的这个优点也许只是能烹饪出一桌美食，能插好一盆迷人的花。

第 *6* 章

忍住痛苦，
幸福就会源源不断地跑来

深呼吸，
控制住自己的小情绪

　　很多人都说："女人就是情绪的动物。"在他们的眼中，大多数的女人都不懂得怎样控制自己的情绪，她们总是在高兴的时候就眉飞色舞，完全不顾及周围还有人为她们担心；在遇到不高兴的事情时，她们完全不知道怎样控制自己的怒火，往往会选择大喊大叫的方式进行发泄。

　　小时候，我们可能会为了吃不到一颗糖而哭得满脸泪水，也会因为老师的一句表扬而得意好几天。那时候我们的天空是明净的，没有丝毫的困惑和值得失眠的东西。那样纯净的世界和纯净的心灵，自然无法掩藏任何情绪，也无须掩藏任何情绪。

　　然而随着年龄的增长，很多问题变得复杂化，我们除了考虑自己的感受，还得关心身边人的感受，这时候，随意地流露情绪就变得不再适合。可是，女人因为荷尔蒙分泌周期起伏的原因，往往会成为"情绪的奴隶"，在遇到不公正的待遇或者委屈的时候，选择发脾气这种外露的方法来宣泄。

但是，每当你控制不住情绪、肆意发泄之后，你的收获是什么？是后悔比较多，还是心安理得比较多？是不是在发泄自己的情绪之后，事情就得到有效地解决了呢？

每当问及这个问题，很多女人都是沉默地摇摇头，因为在她们的经验中，一时气愤地大喊大叫从来没有真正解决过问题。

相比较起来，戴尔·卡耐基的朋友蒂娜却是一个正面"教材"，面对吝啬且贪婪的房东，她并没有表现出厌恶和反感，而是通过一点小手段，就轻松地达到了目的。

蒂娜租住在曼哈顿市中心的一家公寓里，过去的两年，她的房租一直在可接受的范围，然而几天前，房东却很突然地通知她，这一年的房租将要上涨30%。恰恰在这个时候，蒂娜的投资遇到了麻烦，损失了一笔钱，这无异于是雪上加霜。

不可否认，蒂娜当时真的很气愤，甚至觉得房东有点趁火打劫的意思。她几乎要拉开门冲出去，像一头发怒的狮子一样到房东面前理论一番，可理智最终拉住了她。思前想后，蒂娜决定用另一种平和的方式来解决这个问题。于是她提笔给房东写了一封信，大致内容是这样的：

亲爱的房东太太：

我明白，现在的房地产的确行情紧张，因此我很能理解您想要提高租金的做法。我们上一年签订的合约马上就要到期了，我想到时候，我不得不搬出去，另外寻找一处偏僻便宜的地方租住了。因为涨价后的房租我的确有些承担不起，况且最近我遭到了严重的经济损失。

因此，您也可以提前着手寻找一位新租客。不过说实在的，亲爱的房东太太，我也非常不愿意搬走，住在这里的两年时间，我得到了您很多照顾，我想以后我可能再没有机会遇到像您这么好的房东了。而且，这套房子也非常舒适，我对它可是非常有感情的。

我想，如果您能够开恩维持原来的租金，我将不胜感激，并高兴地继续租住在这里，尽管现在看起来，这似乎是不可能的。

蒂娜发出这封信之后效果如何呢？当天晚上，房东太太就来敲门了。蒂娜很热情地接待了房东太太，而且没有开口谈论租金问题。她一直在强调，她有多么喜欢这套房子，而且非常希望能和房东太太继续相处下去。谈话过程中，蒂娜不断地找时机强调房东太太是个很好的人。

这下，激起了房东太太的倾诉欲望。这位常年寡居的老太太憋了一肚子苦水，先是拉着蒂娜的手不停抱怨那些态度恶劣的房客。"我没想到，你能够那么客气地给我写这封信，你知道吗？过去几个星期以来，我收到了很多封租客写来的信，他们不是谩骂就是恐吓，简直想要了我这个老太婆的命。"

然后，房东太太絮絮叨叨地说了一大堆关于她寡居生活艰难的各种事情，到了最后，她几乎是有些感动地对蒂娜说："没关系，蒂娜小姐，你就继续在这里住下来吧。我喜欢你这样的租客，我想我们会继续相处愉快的。过两天你就来签合同，房租我们照以前的收就行了。对了，你要是乐意，以后和我一起吃早餐吧。"说完，房东太太蹒跚地走下了楼。

后来，蒂娜和戴尔·卡耐基谈起这件事情的时候，她说道："我真的很庆幸当时没有把自己那些情绪发泄出来，而选择了平和的方式解决问题，这样做的收获就是不但不需要每个月多付出一部分房租，而且还交了一个朋友，有了很多免费的早餐。"

没错，这就是平和的态度带来的好处，这远比冲动地流露自己的情绪要好得多，因为当我们完全陷入自己的情绪之中时，就完全没有心力来寻找解决问题的途径了。

试想一下，如果你的财产遭受损失，或者你的人格遭到羞辱，你会怎么办呢？相信可能很多女人都会立刻回答："还能怎么办？撸起袖子和对方大干一场呗！"如果小洛克菲勒在1915年的罢工事件中也选择了这样的处理方式，那么可能美国的工业史都要改写了。

那一年，在科罗拉多州爆发了大规模的工人罢工事件，而且持续了相当长的一段时间。此时的小洛克菲勒临危受命来管理这边的钢铁公司，面对愤怒到极点的工人，小洛克菲勒真是头都大了。

每一天，工厂里面都会贴满了谩骂的标语，甚至有一些可怕的诅咒。公司的财产不断遭到破坏，要是再不想办法制止，估计钢铁公司就要被毁了。

小洛克菲勒虽然很生气，也很无奈，但他并没有撸起袖子去理论去冲突。他静静地想了想，然后开始走访工人。

两个星期后，小洛克菲勒发表了一场著名的演说，以最为平和的方式平息了这场暴乱。在演说中，他站在朋友的角度，用略带口音的英语说明了工人们的状况，并表示自己感同身受。然后，他提出了加薪，尽量改善工作环境和周围医疗环境的承诺；与此同时，他鼓动工人们，要想获得加薪，就要开始工作，大家都需要养家糊口，这么闹下去是不会有什么好结果的，大家不妨立刻开始工作，然后在下一周领到更高的薪水，带上自己的家人去"吃顿好的"。

最后，工厂一方和工人们达成一致，并签署了协议。整个事件圆满解决，这与小洛克菲勒的处理能力是分不开的。试想如果他暴跳如雷地去指责这些"闲着没事儿瞎捣乱"的工人们，只会让情况更加恶化。然而他并没有流露出自己的任何不满和不安，而是镇定温和地平息了一场风暴。

由此可见，过于冲动地流露自己的情绪并不是一个解决问题的好办法，于我们的身心也无益处。女人们不妨回想一下，当你们想要爆发怒火的时候，是不是会觉得心跳加速，血压上升，甚至会头晕呢？这就是由于交感神经太过兴奋引起的。洛杉矶家庭保健研究协会主席阿马尔·杜兰特曾经说过这样一句话："那些容易生气之人，通常也是高血压与冠心病等心血管疾病的多发人群。"而且，如果情绪波动太大，就会让人出现失眠、消化不良以及厌食等症状，从而引起一系列消化系统疾病。

因此，女人们，何不从现在开始学会控制自己的情绪呢？一开始或许会觉得很难，那么愤怒，那么可气，到底要如何控制？

最简单的办法，就是强迫自己深呼吸。一定要大口地把空气吸入肺部，10次深呼吸下来，脑子里面充盈了足够的氧气，脑细胞的活动也会变得有效和快速。此时，你就能够更加清晰地思考问题，并且做出正确的判断。当你将关注的重点放在问题本身，而非自己的情绪上时，你就已经成功地将情绪的流露阻止了。

坚强，
更易让人尊敬和心疼

　　戴尔·卡耐基在课堂上常常与女人们讨论关于"坚强"的话题。在现实生活中，作为女人，究竟应该坚强一点儿好呢，还是柔弱一点儿好呢？

　　对于这个问题，不同的学生有不同的见解。玛丽安总喜欢将她的生活经验与人分享，她嫁给了比她年长十几岁的电影导演。在她的生活中，男性占绝对的主导，玛丽安的柔弱正是先生最喜欢也最宠爱的地方，她讲话温言细语，平时在先生面前，也很少发表什么见解。她不大喜欢提意见，也不喜欢做决定，反正一切事情都可以交给先生做主。

　　她的身体是柔弱的，心灵也一样。她不喜欢面对风险，更不喜欢去过独当一面的生活，甚至有时候她觉得，如果有一天，她变得像一个女强人，她的丈夫肯定会把她抛弃的。

　　玛丽安的生活经验似乎印证了一个性格互补的道理，她的丈夫性格方面很强势，她就用柔弱来弥补，二者相得益彰，这也是他们能够相处得很好的原因。

　　然而有的女人却完全不同意玛丽安的观点。难道柔弱地依靠着男人，就能够幸福地过一辈子吗？如果内心没有坚强的力量，如何带给自己安全感，又如何让别人来尊重自己呢？

对于女人们的争论，戴尔·卡耐基往往不置可否，他更喜欢和她们分享有关居里夫人的故事。居里夫人在化学和物理学方面的成就是世人有目共睹的，甚至很多人因为她头上的光环，而美化了她的成长环境，但事实上，如果没有内心的坚强和执着，居里夫人并不会获得如此大的成就。

居里夫人出生的家庭，是一个典型的精神富足但生活贫困的教师家庭，这也给了她和男孩子一样上学读书的机会。然而中学毕业之后，由于当时沙皇统治下的华沙是不允许女子读大学的，居里夫人只能选择到乡村做一名家庭教师。

一个偶然的机会，她和朋友一起参观了一个小型农业博物馆的实验室。在这里，她被这些瓶瓶罐罐和神奇的实验现象彻底迷住了，她告诉自己，一定要想办法靠近实验，一定要想办法脱离做家庭教师的现状。

两年后，在父亲和姐姐的大力帮助下，居里夫人来到了巴黎，进入巴黎大学理学院学习。她非常珍惜这个机会，决定全身心地投入学习。

她像所有沉浸在知识海洋中的人一样，把所有的时间都挤了出来，真可谓如饥似渴。那个时候，她住在离学校有些距离的姐姐家里，为了把来回在路上的时间也节省下来，她干脆搬到了学校附近一处阁楼里居住。这个狭小的空间里没有灯、没有水，也没有供暖的东西，只有屋顶上面一扇小窗可以采光，然而，生活拮据的居里夫人对这样的条件已经很满足了。

可惜她并不知道，在这样艰苦的岁月中，她本就单薄瘦弱的身躯更是不堪重负，埋下了疾病的种子。因为低血糖，她时常感到眩晕，可是为了不耽误学习，她从未对人提起。

1893年，居里夫人以第一名的好成绩从物理系毕业。第二年，又以第一名的成绩从数学系毕业。这时候，她接受了法兰西共和国国家实业促进委员会提出的各种关于钢铁的磁性科研项目，正式走进实验室进行科学研究，圆了她一直以来的梦想。在这次研究中，她遇到了此生挚爱，也是她事业上的好帮手：皮埃尔·居里先生。

一切看起来近乎完美了，实现了自己的人生理想，并找到了志同道合相伴一生的伴侣，这不是谁都能拥有的福气。

然而，看上去的完美只是表面上的，实际生活中，居里夫妇所要面对的困难比想象中多得多。

虽然屡屡获奖，但居里夫人并不满足现有的成绩，在完成钢铁的磁性研究之后，她决定考博士，并确定了自己的研究方向。此时的居里夫人身体已经很不好了，但她从未停下研究的脚步。为了研究放射性物质，居里夫妇在一个阴暗潮湿的储藏室里面，用极其简单的装置进行实验，并且没有任何保护措施，这种困难并不是谁都能够克服的。然而，夫妻俩居然坚持了八年，直到皮埃尔因为一次意外而撒手人寰。

一面是丧夫之痛，一面是年幼的孩子，还有未完成的实验，这些沉重的负担全部压在了居里夫人单薄的肩膀上。而越是困难重重，压力巨大，居里夫人就越显得坚强无畏。这样的她，让全世界都肃然起敬。

也许有的女人会说，居里夫人这样的女性，千百年也只出一个而已，她不是普通的人，当然不可能有普通人的心性。然而，公平地说，论成就，居里夫人的确是女性中的佼佼者，甚至超越了很多男性。可是从生活上看，她也只不过是一个普通的女性，她一样要照顾丈夫，生儿育女。

因此，我们不能用"神"的眼光去看待居里夫人，她之所以能取得如此巨大的成就，除了她本身对这项事业充满热情之外，她的坚韧和执着也是不容小觑的。她内心深处的坚强胜过了很多人。当这样的坚强与她那近乎柔弱的身躯相结合，很难不让人生出一种心疼和敬佩，既心疼她在困境中挣扎，又敬佩她如此舍得付出心力。

当然，这并不是在抨击玛丽安的人生观，事实上，单纯的玛丽安生活得很幸福，虽然她看上去并不那么坚强，但如果她觉得这样的方式正是让她舒服的方式，又何乐而不为呢？

女人们，其实每个人都有不同的生活方式，我们所强调的坚强，并不是说外表要像钢铁一样坚硬，而是指一种内心的力量。

首先，是肯定自己的力量，如果我们能给予自己更多的肯定，更多的鼓励，那么我们在追寻理想的时候便会拥有更多的力量，这种力量可能表现为坚定，可能表现为执着，也可能表现为百折不挠。这些品质都是内在的，不一定显现在脸上。

其次，是直面人生的力量。不管你的人生中遭遇了多少不顺，又有多少的跌跌撞撞，意外的伤害和痛苦，如果能够直面：这就是人生！

拥有这种力量的女人必定是坚强的，因为她们会将苦难视为一种考验与收获，她们看上去可能是饱经风霜的，可能是柔弱内敛的，但是她们的内心却拥有无比强大的力量。这种女人往往会令人们感到心疼，同时也令人们对其肃然起敬，因为她们让自己的生命意义变得宽容而深远。

珍贵的东西，
喜欢姗姗来迟

有一位伟大的哲人曾说过这样一句话："不幸并不意味着灾难，早年遇到的逆境一般都是一种幸运，它可以让我们更加坚强地面对生活，并且积累十分丰富的阅历。要知道，生命中越是珍贵的东西，就越爱迟到，它非得等到铅华洗尽，才最后尘埃落定。"

在法国里昂的一个盛大的绘画展览上，有一幅画引起了来宾们的争议。有的人认为它的内容是表现古希腊神话中的一些场景；而有的人则认为这是真实的历史。一时间，持两种观点的两派人争论不休，气氛也越来越紧张。

主持人看到这个情景非常着急，他知道，如果再不想办法遏止，估计双方会动起手来。这时候，他看见端着托盘为来宾送酒水的侍者，灵机一动，说道："各位亲爱的女士们、先生们，我们不妨先暂停讨论，来问问这位给大家送来香槟的侍者好了，我想，听听外行人的意见还是很有意思的。"

主持人的一席话，果然浇灭了即将燃起的"战火"，不过来宾脸上的表情各异，多半是觉得可笑，"一个侍者他懂什么呢？""他有发言权吗？他是谁？"各种鄙视的声音从人群中泛起。

这位侍者缓缓走上台，开始了他的讲话。出乎大家意料的是，一开篇，他就已经吸引了大家的注意。他开始对这幅画进行细致入微的描述，仿佛将人们带入了另一个世界。他的条理清晰，对作品的理解非常深刻，且提出的观点无可辩驳。待到他说完，台下便响起了雷鸣般的掌声。人们对这位侍者充满了好奇，纷纷拥上前来询问。

"先生，请问您是在哪所学校接受教育的？"人群中传来一个声音，充满了敬意。

"哦，阁下，我在很多学校上过学，"这位侍者谦逊地回答道，"不过我学习过时间最长、并让我收获最多的一所学校，叫作'逆境'。"

这位侍者的名字，叫作让·雅克·卢梭。可以说，他的一生似乎都是在逆境中度过的。他从来没有享受过母爱，父亲对他虽然很关心，但在父亲心中更重要的，是革命的事业。这也使得卢梭在10岁的时候，就被迫与逃亡的父亲告别，过起了寄人篱下的生活。

然而，正是这些难以想象的逆境，让卢梭更深刻地认识苦难，认识社会，而他的思想，也终于绽放出光辉，为世人所敬仰。也许正如他自己所说，这一切，都得益于那所叫作"逆境"的学校。如果没有年轻时候经历的那些"不顺"，他也无法在实现梦想的时候，真真正正地体会到梦想的珍贵。卢梭从寄人篱下，童年就做工，到四处逃窜，隐姓埋名，直至他找到机会，出版了反映他思想精华的书籍，用去了几十年的时间，这几十年间。他只能静默等待，不断找机会学习，升华自己的思想认识，并始终抱着一种实现梦想的信念。虽然，那珍贵的成功有些迟到，但终究还是到了。

即便是像卢梭那样的大思想家，也依然在年轻的时候经过了漫长的等待，经历了别人想象不到的痛苦和沮丧。那么女人们，你们还有什么理由抱怨呢？试想，如果你所期望的东西，都轻易能够得到，你想要的东西，睡一觉睁开眼睛就能拥有，那么这世界上何来努力，何来等待，又何来苦尽甘来的畅快？太轻易得到的东西往往都不会珍惜，而那些珍贵的东西，它总是藏在深处，等着你慢慢去挖掘。在这个过程中，你势必要去掉一些糟粕，失去一些东西，明白一些道理，然后才慢慢抵达彼岸。

这种感受，就像西部淘金一样。金矿不会那么容易地出现在淘金者的眼前，而要经过无数的勘探，无数的筛选，甚至有人受伤、失去生命……最终，珍贵的金矿才会翩然而至。

英国著名作家科贝特曾经说过："如果说我在这样贫苦的现实中尚且能够征服困难、出人头地的话。那么，在这个世界上还有哪个年轻人可以为自己的庸庸碌碌、无所作为找到开脱的借口呢？"

不要因为一时的努力没有得到应有的回报，就放弃对理想的追求，其实很多人都曾经那么接近成功，但最后真正成功的人，就是那些能够等待美好的东西迟到的人。

他是一个木匠的儿子，没有读过什么书，但很喜欢写诗。在他那个文化素质普遍较低的圈子里，他竟然有着一个看起来非常不切实际的梦想——成为一个诗人并出版自己的诗集。

他终于写出了自己的第一本诗集，并举债将诗集刊印了一千册。但遗憾的是，一本都没有卖掉。

他决定改变思路，将这些诗集一本本地寄给当时在美国已经功成名就的诗人们。可是这些大师们，对这本所谓的"诗集"不屑一顾。"这能算是诗歌吗？没有对仗，没有美感，像是在无病呻吟的低劣之作……"，有一位诗人如此讽刺道。而大诗人惠蒂埃则更甚，他拿到这本诗集后，看都懒得看就将它扔进了火炉里。

这些诗人都认为，一个没有读过多少书的木匠的儿子，能够写出什么好东西呢？恐怕连错别字都无法避免吧。

接下来，嘲讽和不屑如潮水般向这个年轻人涌来，他终于失去了信心，"也许，我写的诗歌的确只能取悦我自己，而难登大雅之堂呢。"于是，他颓然地放弃了写作，低着头，接过了父亲的手艺，开始从事木匠工作。过了两年，这个年轻人似乎都已经忘记了自己曾经怀揣成为诗人的梦想，他每天麻木地工作，麻木地休息，把那种能够让自己燃烧的渴望深深压到了心底。就在这个时候，他收到了一封来信，信中对他曾经自己刊印的那本诗集赞美不已，"我认为它是美国至今所能贡献的最了不起的聪明才智的精华"。

如此的赞扬让年轻人热泪盈眶，他重新拿起了笔开始写作，并最终成为伟大的诗人。这个年轻人就是沃尔特·惠特曼，那本曾经遭到无数人鄙视，但是最后终于被众人接受并赞赏的诗集，就是现在流传最广的《草叶集》，而那个给予了他最为关键的自信的人，就是爱默生。

放轻松，
生活有进有退

　　一本杂志上曾刊登过这样一段话："你是哪一种人，就会遇上哪一种人，你是哪一种人，就会选择哪一种人。你经常挂在嘴边的人生，其实就是你自己的人生。人总是非常容易被自己说出来的话催眠。我多么害怕你总是将很多抱怨挂在嘴边，因为那将会成为你所有的人生。"这正如爱默生曾经说过的那样："人就是自己每天想的那样。"不然，人怎么可能会变成其他样子呢？

　　如果你每天都感到悲伤，想的都是悲伤的事情，那即便有一些令人兴奋的事情摆在面前，你也很难去注意它并调整自己的思想；如果你整天想着邪恶的事情，那势必会导致心神不宁，在解决问题的时候，就容易往那些极端和邪恶的方向靠拢，自然无法收获快乐。因此，在人生的道路上，只有懂得放轻松些，生活才能真正轻松。

　　戴尔·卡耐基的朋友罗威尔·托马斯曾经告诉他，只要有好的心态，人生完全可以一边面临着重大的困境，一边微笑着在衣襟上插一朵花，潇洒地走过闹市。而事实上，罗威尔也是这样做的。

十几年前，他们都还年轻，充满理想。那个时候，戴尔·卡耐基正协助罗威尔拍摄一部以艾伦贝和劳伦斯在一战中的生活为背景的电影，其间会真实地记录劳伦斯和他带领的那支阿拉伯军队以及艾伦贝征服圣地的经过。影片中会穿插进罗威尔自己的一篇著名演讲，名叫《巴基斯坦的艾伦贝和阿拉伯的劳伦斯》，因为涉及的东西太多，这部影片在全世界引起了轩然大波。

罗威尔非常看好这部影片，他用尽方法，说服了卡文花园皇家歌剧院的老板将伦敦的歌剧节推迟六周，为的就是放映这部惊艳的电影。事实证明，罗威尔是正确的，该片在伦敦取得了巨大成功。

之后的罗威尔决定暂时放下忙碌的工作，到世界各地旅行一番。在此后的三年中，他们再未见面。当罗威尔回到伦敦的时候，急忙找到戴尔·卡耐基，兴奋地告诉他，自己已经完全调整好了状态，这次他决定拍摄一部关于印度和阿富汗生活的纪录片。正当罗威尔忙不迭地为拍摄做准备的时候，厄运袭来，他因为投资不慎而破产了。这也意味着，他不能再为新的影片投资，而在找不到合适的投资人的情况下，他的梦想只能被搁置。

戴尔·卡耐基清楚地记得，在罗威尔落难之后，他们时常聚在一起。因为生活窘迫，在伦敦的寒风中，他们只能蜷缩在脏兮兮的小饭馆里面吃廉价的食物，这还得益于一位画家朋友的资助，要不然，他们可能连晚饭都吃不上。

更可怕的不是赔上所有的钱，而是增加了额外的债务。相比罗威尔，戴尔·卡耐基甚至觉得自己是幸运的，虽然当时一文不名，收入微薄，但至少他不用每个月发愁如何去还那些巨额的贷款。

罗威尔很重视这些问题，但戴尔·卡耐基没有从他脸上看到任何忧虑，他告诉戴尔·卡耐基，如果他自己再垂头丧气的话，就真的可能一蹶不振了，尤其在面对那些债主的时候，他不想如此灰头土脸。

因此他每天出门前，都会在衣襟上插一朵鲜花，然后昂首挺胸地走出去。在他看来，轻松是非常必要的，生活有进有退，不能在顺遂的时候，就活得光鲜亮丽，倒霉的时候，就连狗都不如。

如果轻松地去面对问题，那问题也会相对变得轻松。"我的确想不出，每天愁云密布，对我的现状会有什么帮助？"罗威尔对戴尔·卡耐基说。

事实证明，他是对的。生活让他跌到谷底之后，又给了他新的希望。因为站得太低了，他根本没有再失败、再倒霉的可能性，前面的只会是上坡路，虽然走得很艰难，但戴尔·卡耐基和罗威尔都知道，上坡路意味着更好的生活。

后来，戴尔·卡耐基在自己所奋斗的领域有了一些成就，而罗威尔也早已走出谷底，成为了一名影视公司的老板。他每天出门的时候，依然会在衣襟上别一朵鲜花，他看着鲜花微笑，努力地把生活过轻松。

在某一次接受采访的时候，对面的记者问戴尔·卡耐基：

"卡耐基先生，你觉得自己经常面临的问题是什么？"

戴尔·卡耐基认为，这个问题我们大多数人的回答都一样，那就是压力。来自各方面的不可逃避的压力，是人们必须面对的。而在这其中，懂得放轻松的人，才是会生活的人。因为他知道，什么时候需要一点紧张来逼迫自己，什么时候需要放松来找回自己，就如同鸟儿知道什么时候该张开翅膀努力飞翔，而什么时候该回到温暖的巢穴栖息一样。

相信大家都面临着或大或小的压力，有工作的，觉得工作是压力，不出去上班的，觉得生活也很有压力；事实上每个人都会觉得累，甚至觉得每天都生活在疲劳之中。

戴尔·卡耐基的学生罗伊斯女士就曾对他说："戴尔，我真的说不清楚生活对我来说意味着什么，我只觉得每天都处于疲劳之中。工作压力那么大已经让我不堪重负了，但我回家，还要照顾我的丈夫和三个调皮的孩子，我觉得没有一分钟是轻松的，更谈不上什么快乐。"

于是，戴尔·卡耐基问她："你每天都能保证七个甚至八个小时的睡眠时间吗？你为什么会感到疲劳呢？"

她苦笑着回答："即便我每天都能睡八个小时，但那短短的时间根本无法缓解我承担的压力！"

听了她的回答，戴尔·卡耐基很确定地相信，她实际上对"疲劳"这个概念并没有一个正确的认识。

为了了解"疲劳"，戴尔·卡耐基曾咨询过几位医生朋友和研究心理学的朋友，最后得出的结论大概一致。从产生疲劳的原因上看，有四个方面，比如很极端的情绪、忧虑的心情、紧张的肌肉和生理上的消耗。也就是说，我们的身体的确会产生疲劳，但并不是每个人的疲劳都来源于生理上的消耗。很多女人都和罗伊斯一样，错把疲倦的状态，当成了身体的疲劳。

精神病理学家唐纳德教授告诉我们："无论你是否承认，那些健康状况良好的脑力工作者其实从病理学上来说，是根本不会疲倦的。如果他们真的感到疲倦，那就一定是由于自身的心理因素所导致，或者也可以说是情绪因素。"

如此看来，真相是，在所有感到疲劳的人群中，真正属于身体疲劳的人很少，大部分都是精神层面的疲劳。就像罗伊斯后来坦白的那样，"说实话，戴尔，我也觉得每天之所以那么累，实际上来源于我的忧虑和烦躁。我对自己的工作状态不满意，对丈夫的懒惰、孩子的顽皮都不满意，所以我感到很不开心，基本每天都头疼。"

女人们，你们是否也遇到和罗伊斯一样的境况呢？如果有，现在最需要做的事情就是放松自己。只有真正放轻松了，才能有效地解决疲劳这个问题。

在现实生活中，总会有这样或者那样不如意之事，但是，如果因为这些不顺心的事情而将自己弄得非常疲劳，非常悲惨，似乎是相当不值得的。事情都具有两面性，有不好的一面，自然就会有好的一面；事业的山丘上有高峰，自然也会有低谷；人的脚步会向前走，自然也会向后退，不需要时时刻刻都那样紧张，放轻松一点儿，能够更加坦然面对生活赋予我们的种种。

第 7 章

即使会很累，
但出色就够了

人生两大快乐：
追求和拥有

从前有一群年轻人，他们整天什么事情都不干，也没有任何的生活负担，但是他们却总是感到不开心。于是，他们彼此约定，离开他们原本生活的地方，一同去找寻快乐。

在路途中，他们遇上了大哲人苏格拉底。于是他们向苏格拉底询问："老师，请问快乐在哪里呢？"

苏格拉底回答道："你们想要我解答这个问题并不难，但要答应我一件事情，帮我造一条船，当船造成之日，就是我告诉你们答案的时候。"

为了找到真正的快乐，几个年轻人同意了。于是他们各抒己见，很快整理好了造船所需的各个步骤，紧锣密鼓地行动起来。

他们上山寻找造船所需要的树木，费尽心力终于找到了一棵合适的大树，于是大家齐心协力把这棵树砍了下来，然后轮流工作，把树心掏空了。为了有完美的曲线，他们一点点费心地打磨，前后共用去了七七四十九天，终于造出了一条美丽的独木舟。

年轻人们把独木舟抬到了苏格拉底面前，放下水，并邀请老师上船，一起检验他们的劳动成果。在湍急的河流中，独木舟经受住了考验，大家边划桨，边唱起了家乡的歌谣。这时候，苏格拉底微笑地说道："孩子们，现在你们觉得快乐吗？"

大家都笑着点点头。

"这就是我要给你们的答案。快乐不正在这里，在你们每个人的心中吗？其实，当你们专注地去做一件事情的时候，快乐就已悄然造访了。"

年轻人细细地品味，果然觉得这份快乐非常富足，因为这是通过他们自己的努力得到的，他们既在造船的过程中付出了心力，很好地利用了时间，又有了努力之后的收获，看着这条独木舟上的每一个细节，都经过他们的精心雕琢，回想起来，更觉得开心和幸福。

我们时常会感慨，快乐的时光总是短暂的。感慨之中不免感到遗憾。但如果换个角度来理解，就能够把遗憾换成满足，正因为做某件事情的时候太过专注，才不会注意到时间的流逝，而在专注的整个过程中，快乐的感觉油然而生。

就像这个故事中的年轻人一样，他们在出发寻找快乐之前，每天有大把的闲暇时光，什么也不用做，更不用承担生活的压力，可他们却始终找不到快乐的感觉，因为他们的内心空空如也，没有付出，也没有期待，整天守着时间，自然觉得过得特别慢。

但是，当他们齐心协力去造那条独木舟的时候，满脑子关注的都是如何找到一棵合适的树，如何将树砍下来，如何把树心挖空，如何让整条船看上去美观而且下水了还能实用……

这些想法充满了他们的头脑，容不得他们去感慨、无聊、细数时间，这便为他们的快乐敞开了门。

罗根·史密斯曾经说过一段言简意赅的话："人生应该有两个目标。第一是努力得到自己想要的东西；第二是充分享受它。"

有"幼教之母"之称的蒙台梭利在少女时代并不是一个快乐的女孩，虽然她很早就确立了自己的目标，但因为没有得到任何人的支持，她没有足够的勇气去追寻理想，前方困难重重，最可怕的是，父亲觉得她是一个叛逆的孩子，几乎要与她"决裂"。

有一天，她又和父亲发生了争执。之后，她便闷闷不乐地一个人到公园里去散步。这时迎面走来了一老一小两个人，她们衣衫褴褛，潦倒不堪，一看就是乞讨者。老妇人神情呆滞，充满疲惫和绝望，很显然这一天并没有讨到什么吃的。但小女孩却不同，她脸上没有一点悲伤的表情，相反，她不停地摆弄着手上的一张彩色纸片，眼神清亮，满脸的幸福感。

蒙台梭利被这张幸福的脸彻底打动了。相比之下，自己面临的困难又算什么呢？虽然父亲一再反对她追求理想，可那毕竟是她的亲生父亲，她可以委婉迂回地去想办法说服父亲，或者努力做出一点成绩来证明给父亲看，那也好过现在在这里自怨自艾，并因为暂时的困境就停滞不前吧？

于是，蒙台梭利改变了自己的策略，她一方面尽量不再和父亲正面冲突，而是先努力争取得到母亲和哥哥的支持；另一方面，她悄悄地跑到哥哥的学校，借阅了很多关于教育方面的书籍，废寝忘食地开始了自学，又利用空闲时间去残疾学校，观察那些被定义为"智障"的孩子的生活和学习情况。

在这个过程中，她感到了无限的充实，每一天都有新的收获，而父亲的不理解，早已不再是她觉得"最重要"的问题。

终于，在她大胆地提出了"智力障碍的孩子并非完全'无药可救'，只要通过合理的教育方式，并耐心地、有针对性地延长教育时间的话，那些孩子的智力是能够正常发展的"这一观点之后，她的父亲妥协了，从阻挠者变成了绝对的支持者。

此后，蒙台梭利更是全身心投入到对智障儿童的教育当中去，她关心着每一个人，把每个孩子都当作自己的孩子来对待，她这样做，早已超越了"要证明自己"的简单目的，更多的是一种责任感和一种心甘情愿的付出。

可以说，在教育方面，蒙台梭利是非常成功的。她以一个女性纤弱的身躯，扛起了男人们都不敢扛的重担，在实现理想的过程中，她过得那么充实。而当她真正成功的时候，却从没有为此而骄傲，甚至没时间去领那些由教育机构颁发的奖状和奖金。她的脚步走过越来越多的地方，细细品味着这些年的经验，然后将其运用于更多智障儿童的身上。

我们总是容易为自己设定一个目标，以为达到目标之后就一定会欣喜若狂，却忽略了过程的重要性。如果人生只是重视结果的话，那么每个人生下来，最后都会死亡，这其间的几十年还有什么可在意的呢？但我们都知道，这不可能，因为在生之前，在死之后，我们都不知道会发生什么，但活着是可控的，因此这整个生命的过程是值得去细细品味的。

在一段生命历程中，我们会遭遇不少波折，也会因为不懈的努力而收获许多成功，这些分段的过程均是人生的组成部分，每一段历程，都值得我们拼命地去完成，并且在完成之后认真而仔细地进行品味。

人生的意义，
是打一手好牌

　　相信大家肯定都与扑克牌游戏接触过吧。精通此道之人必然懂得一个道理：即便你手中的牌再好，倘若无法将其打好，那么也可能会输得非常惨。在这样的游戏中，拿到一手好牌的运气固然重要，但打一手好牌的技艺，却是需要多方面因素结合在一起的，比如机敏、智慧、心理素质和勇气等。

　　从牌类游戏，可以推广到我们的人生，同样的，并不是每个人生下来，就有好的条件、好的环境，就像拿了一手好牌一样。大多数人的出身都是平凡的，甚至不幸的。然而，经过几十年后，境况会发生巨大的改变，出身好的人，未必有好的人生；而那些境况悲惨的孩子，却可能功成名就。事实充分证明，人生的意义，不在于拿一手好牌，而是打一手好牌。

　　为此，我们一起来分享一个关于拿破仑的故事。

　　在功成名就之后，拿破仑被誉为"科西嘉的小狮子"。的确，从他那瘦小的身躯中爆发出来的巨大能量正像一头威力无比的狮子。

但拿破仑并不是那种拥有良好出身的人，虽然他的父亲是一位贵族，但到了拿破仑这代，父亲头上的贵族头衔只给他留下了骄奢淫逸的坏毛病，却没留下任何养家糊口的家底。出于对拿破仑的喜爱和厚望，父亲将他送到了地处布里恩的一所贵族学校去读书。

在这里，年少的拿破仑感受到了什么叫作"歧视"，什么叫作"地位的差别"。同学们大多出生于富裕的贵族世家，相互攀比成风。他们总喜欢一面夸耀自己的富有，一面讥讽拿破仑的贫穷。拿破仑的自尊心受到了深深的伤害，他忍无可忍，给父亲写了一封信。

在信中，拿破仑细数了那些屈辱，并告诉父亲，自己希望能够离开这里，选择一所正常的学校去上学。"我努力地容忍那些外国孩子对我的嘲笑，但是我实在不愿意浪费力气与他们进行解释。他们的金钱是他们唯一能够向我炫耀的，至于高尚的思想，则远远不如我。难道在那些拥有大量财富且十分高傲的人面前，我就永远只能这样谦卑地活下去吗？"拿破仑如此向父亲抱怨道。

几天后，他收到了父亲的回信，信中只有短短几个字："我们很贫穷，但你必须在那里把书念完。"

拿破仑不敢违拗父亲，只得咬牙坚持着。整整五年时间，他受尽了讥讽和嘲弄，每一次的伤害，都让他增强了做一个成功者的信心。他觉得，只有自己的成功，才是对这些愚蠢之人的最大嘲讽。

然而想要成功，并不是一件容易的事情，他必须有计划。拿破仑决定，就把眼前的这些人，当作自己通向权力、财富和地位的跳板吧！

通过对自己严苛的要求和努力，拿破仑在16岁那年当上了少尉。正当他高高兴兴地想要把这件喜事告诉父亲的时候，却遭到了重大的打击——父亲骤然离世。还没有感受到喜悦，就陷入伤痛，拿破仑还得从自己那微薄的薪水中挤出一部分供养自己的母亲。

第二年，他接受了第一次军事差遣，要求他徒步走到几十里开外的瓦伦斯加入新的部队。这是他事业的起步，但看起来似乎没有任何喜悦可言。

当拿破仑终于进入了部队，发现大多数士兵把空余的时间花在了赌博和追求女人上。窘迫的钱包不容许他把供养家庭的一点点钱拿出来去赌博，而平凡的相貌和一米六几的身高也让他在追逐女人中处于劣势。他无法融入大家的生活，也无法证明自己。

拿破仑开始转变思路，他觉得与其看着别人浪费时间，且为了接近他们而去学着浪费时间，不如来和大家比比，谁更懂得珍惜时间，于是他将埋头读书作为和大家竞争的方法，这也使他受益匪浅。

拿破仑读书非常有目的性，他要把增长知识，作为自己实现理想的途径，而且他渴望将自己的才干和能力展现给世人，这也成为了他选择阅读书籍的标准。那个时候，拿破仑的住宿条件非常糟糕，光线不足，并且夏天憋闷，冬天又冷得像冰窖，士兵们纷纷抱怨，唯有拿破仑不发一言。

后来，他把这些年苦读所做的笔记整理出来，刊印成册，居然有四百多页。在这些文字中，拿破仑把自己想象成了一个总司令，描绘了科西嘉的战略位置，而且在他手绘的地图上，标明了应当重点布防的位置。他运用数学方法对距离进行了精确计算，并结合时间，模拟了很多战争。

他的长官发现了拿破仑的才华，便给他指派了更复杂的计算工作，拿破仑漂亮地完成了它们，因此获得了更多更好的机会。当全世界都对未来情形一无所知的时候，拿破仑已经走上通往权势的道路。

一切都改变了，从前那些嘲笑他的人，现在都簇拥在他的身边，吹捧他，巴结他，想要从他的成绩中分一杯羹。大家都以和他成为朋友为傲，这个曾经被说成"矮小"、"无能"、"傻气"的人，现在得到的是无数的赞美。

我们无法选择自己的出身，但绝对可以选择自己要走的路。回望拿破仑上学的时候，他的大部分同学都比他拥有更好的"牌"。他们有着好的出身，有着殷实的家底，甚至有着强势的社会关系，然而，正是这些太好的条件，让养尊处优的"公子哥"们忘记了，自己的路终究还得靠自己来走，不可能永远依靠家人。

而拿破仑不一样，他没有什么可依靠的，拿到手的是人们不屑一顾的"烂牌"，他唯一可以依靠的就是自己的信念。因为"打一手好牌"的信念太强大了，让拿破仑可以经受委屈、不公和折磨，让他在残酷的环境中历练自己，成就了后来的胜利。

所以，别再总是盯着那些背景条件不放了，好像只有一切都准备好，只差你点头，才能够完成一件事情。一文不名的开端，也不一定就会以一文不名结束。当你拿到的是一手烂牌，但是你却懂得如何运筹帷幄，知道适当地将自己的欲望压抑下去，明白怎样察言观色，运用合适的策略，那么你也极有可能非常漂亮地将一手烂牌打到最好！

告诉自己，
你值得拥有最好的一切

在神秘的大自然中，从来没有一朵花会对另外一朵花产生嫉妒，也不会对另外一朵花进行模仿，更没有一朵花因为他人的赞扬与欣赏而开放的，它们都是为了自己的生命而努力绽放，为了自己的美丽而摆动摇曳。花朵懂得自我欣赏，这本就是它们天生就具有的权利。可见，欣赏自己、接纳自我是一种多么宝贵的精神啊。

一个真正有自我价值的人，首先要学会爱自己，因为自己才是最为可控的。最不应该的是把所有期待寄托在别人身上。世界上虽然没有完美的人，但每一个人都是独一无二的，你身上所具备的很多品质是值得人去爱，值得人去尊重的，即便有一些瑕疵。只要你用心去生活，用心去品味身边的事物，用心去对待身边的人，你的一生就是值得的，你值得拥有最好的一切。

皮特先生是美国费城的一位农场主，他继承了祖上的事业，并决心将其发展壮大。然而在皮特先生的心中，并不想把全部心思都投入到这一大片农场和那些牲口上，他希望"干点儿新鲜的事情"。

他听人说，加工牛奶非常赚钱，于是他便兴冲冲地找到了自己的财产顾问，挪出了一百万美元购买加工牛奶的机器。可是在这个行当，他却是个"外行人"，既不懂得牛奶的生产，也不懂得牛奶的销售。果然，他的生意并没有走上正轨，几番折腾之后，他赔了个精光。走投无路的他想了个"好主意"，他来到报社，希望有人能够帮他写两篇报道，寻找志同道合的人，与他合作，一起生产加工牛奶。

报社的人听了皮特先生的想法，都觉得他鲁莽极了，有着一种"莫名其妙的自信"，眼看着自己的钱都要赔光了，谁会愿意来与这么一个濒临破产的傻瓜合作呢？记者们都拒绝了他的请求。

这时候，大家都认为皮特根本不是什么经商的料，朋友们纷纷相劝，让皮特安分一些，守着祖业过一辈子就好了，干吗非得瞎折腾呢？

但显然皮特并没有把这些话放在心上，因为过了没多久，他就向银行贷了一百万美元继续创业。这次又是一个新鲜行当。因为皮特听说，加工牛奶的机器也可以生产氨基酸，只要再挂上另一台分离器就好了，于是他决心把自己之前买来的机器利用起来。大家都觉得皮特疯了，放着安稳的日子不过，非要折腾出一屁股债，这次要是再赚不到钱，他的一辈子就毁了！

事实上，这时候的皮特也有些着急，因为他对氨基酸的生产更是一窍不通，折腾来折腾去，他贷款买来的这些机器根本没有为他产生出一分钱的利润。正当皮特陷入绝境的时候，一个商人找到了他，希望与他合作，.但商人提出的合作条件非常苛刻，就是商人为皮特销售产品，所有的利润商人要分走一半。但如果销售不出去，皮特也要给商人相应的报酬。

大家都觉得，这是一个拙劣的骗局，纷纷劝皮特不要上当。然而走投无路的皮特决定赌一把，爽快地在合约上签了字。这一天，报社的记者蜂拥而至，他们举着照相机一顿拍，最后的文章标题是《散财童子——鲁莽的皮特先生》。皮特因此成为了费城人民的笑柄。

出人意料的是，这名商人并非一个骗子，而是一个颇有商业头脑的人。在短短的三年时间里，他带着皮特的氨基酸走遍了整个美国，并为皮特打造了属于自己的品牌。皮特成为了全美最大的氨基酸生产商，收获了巨额的回报。

可是皮特似乎并不满足于现状，他的眼光又从氨基酸跳到了房地产上面。这次，他相中了一个无人问津的老年公寓项目。实际上不仅是在美国，在全世界，投资房地产都是一个危险的举动。然而，皮特像从前一样，既不了解行情，也不了解风险，他兴匆匆地买下了老年公寓，却在接下来的几年里遇冷。

"看呐，那位散财童子又开始赔钱了。"街头巷尾传遍了这样的声音，然而皮特似乎不为所动，他依然每天戴着他的礼帽，大摇大摆地在街上散步，遇上熟悉的人，他总会调侃地说道："嗨，我是商人皮特！"

在皮特买下老年公寓的第六年，美国迎来了大规模的老龄化，忙碌的年轻人根本无暇照顾自己的父母，害怕寂寞的老人纷纷选择了老年公寓，皮特也因此大赚一笔，成为了当时最走红的地产商。

皮特依然端着架势和人们打招呼，而"商人皮特"那独特的自恋和自信也成了传奇。人们一传十，十传百地转述着皮特的故事，将其定义为"费城最自恋的人"。

事实上，皮特的自恋，源于他的自信。他不是相信自己无所不能，而是相信自己，无论遇到什么，都不会被打垮，即便赔得倾家荡产，只要还有一口气，他依然能慢慢爬起来，因为他是独一无二的皮特，他值得拥有最好的一切。

当我们审视皮特的行为，不免会为他捏了一把汗，多次不计血本的投资，让这个人看起来有些可笑，就像是没有经过大脑思考的傻瓜一样。但仔细想想，这个世界上，又有多少人，能够拥有皮特这样的胆量和自信呢？

大部分人做事总喜欢瞻前顾后，犹豫不决，在无数次的挣扎和对比中，失去了最合适的时机，也会大大打击自己的自信，最后很可能变成这样糟糕的境况：事情没有做成，而自信也下降到零。何不像皮特一样，多一点自恋呢？

"我是商人皮特"，他就是这样暗示自己的，也是这样相信自己的，就照着自己确定的道路去走。因为他始终相信，只要有足够的勇气和果敢的魄力，就一定值得拥有最好的。而那些犹豫的人，才总是会与最好的擦肩而过。

你想成为怎样的人，不妨每天对着镜子重复一遍，用肯定的语气对自己说："我想要成为像舞蹈家娜塔莎那样的人"、"我想要成为像音乐家贝蒂那样的人"。没错，就这样非常自恋地给予自己肯定，然后坚定地告诉自己，"只要我想，只要我愿意努力，就肯定能够成功！"不断地告诉自己，你值得拥有最好的一切。那么，最好的一切，就会在前面等着你！

适当地秀自己，
让平淡的日子亮起来

　　戴尔·卡耐基接到了一个老同学打来的电话，那是一个久违的老同学，她的名字叫作杰奎琳。仔细算一下，自从戴尔·卡耐基搬家以后，他们大概已经有五年没有见面了。

　　电话那头，杰奎琳的声音听上去非常高兴，戴尔·卡耐基甚至能想象出她在电话那端嘴角上扬的表情。她说道："戴尔，我们有好久未见面了吧？不过老朋友之间是不会相互遗忘的，之前你对我的帮助，我想我永远不会忘记，不过这次我可不是来给你找麻烦的，是想邀请你过来参加一个聚会。但具体内容得保密，你来了就知道。"

　　说实话，当时戴尔·卡耐基手头的工作非常多，但架不住杰奎琳的盛情邀请，而且他也很关心这位老友，于是便答应了下来。

　　当戴尔·卡耐基来到杰奎琳家时，受到了热情的礼遇。她微笑着告诉戴尔·卡耐基今天的活动安排：下午是一场关于抑郁症的演讲，晚上，她会邀请很多朋友到家里参加晚宴。

　　关于抑郁症的演讲？戴尔·卡耐基的心里在打鼓。要知道，在几年前，杰奎琳也曾是一位严重的抑郁症患者，已经接近崩溃的边缘。她时常整夜地坐在浴室里，放着热水，听着它们哗哗流动的声音。她告诉戴尔·卡耐基，那很像是血液流动的声音，她也想让自己的血就那样流干净。

那个时候，戴尔·卡耐基并不知道究竟是什么事情让杰奎琳患上了抑郁症。而她的丈夫也百思不得其解，似乎没有什么特别的事情让她突然发病，极有可能是长期压抑情绪导致的。那个时候，戴尔·卡耐基总是想着该如何帮助杰奎琳走出困境。

那是戴尔·卡耐基和杰奎琳联系最为频繁的时期，但杰奎琳的话常常前言不搭后语，跳跃性非常大，而且还有幻想的成分。戴尔·卡耐基不得不建议她的医生给她辅以药物治疗。

通过慢慢的深入交谈，戴尔·卡耐基推断，杰奎琳之所以会严重抑郁，是因为长期自卑引起的。应该说从童年时期开始，她就是个非常自卑的女孩，而这种深层的自卑很难以相应的方式表现在行为上面，因此也没有人注意过这点。表面上的杰奎琳却是完全相反的状态，她高傲、要强，容不得别人对她说不；她掌控欲很强，占有欲同样很强，因为她太害怕失去。

直到有一天，一切都爆发了。她缩在墙角，完全没有了那个高傲自大的女王模样。她丈夫向戴尔·卡耐基坦言道，这样的杰奎琳更可怕。

那时候，戴尔·卡耐基花了一年多的时间，帮助杰奎琳调整她的状态。他们从不说那些过往，只淡淡地谈一些将来的事情。戴尔·卡耐基希望她真正表现出厉害的一面，而不是竖起假装厉害的保护墙。

在戴尔·卡耐基搬家之前，他很确定，杰奎琳有了明显的好转。后来，他们保持了一段时间的信件和电话交流，直到戴尔·卡耐基确信她开始了新的生活，才慢慢淡了联系。

这一次的演讲活动，杰奎琳会给戴尔·卡耐基带来什么惊喜呢？

到了活动现场，戴尔·卡耐基才发现，来参加活动的人大部分都是经历过或正在经历抑郁症折磨的人，很显然，杰奎琳现在已经成为了他们的领导者。只见杰奎琳自信地微笑着走上台去，幽默地说了几句开场白，成了开场的第一位演讲人士。戴尔·卡耐基从她身上，又找回了一个自信美丽的杰奎琳，但这次的自信是发自内心的，油然而生的，并非伪装。

不得不承认，杰奎琳成了这场活动的明星，那些朋友都很信赖她，有的人站在台上紧张不已，就从她的目光中寻找自信。戴尔·卡耐基真为杰奎琳现在的生活感到高兴。

活动结束后，大家三三两两出发到杰奎琳家参加家庭聚会。到了她家中，杰奎琳向他们展示了精心修整的庭院。这时候，戴尔·卡耐基才发现，他之前来的时候，通向院子的玻璃门是用厚窗帘遮挡着的，而现在，一座别具风格的小院就这样呈现在大家面前。

杰奎琳骄傲地向大家介绍，她是如何把这个杂草丛生的院子一点点拾掇成现在这个样子的。鹅卵石铺就的小路旁是修剪得非常平整的草地，不远处有一个小小的花房，他们都能从外面看出，花房里鲜花盛开。水池、亭子、花房……每一样都是杰奎琳精心打造的，而今天，她向他们秀出了自己的成果。

灯光、音乐、红酒、烤肉……熟识的朋友们在聊着天，杰奎琳端着酒杯朝戴尔·卡耐基走过来。她双颊略带红晕，在灯光下显得很美，她对戴尔·卡耐基说道："戴尔，连我都不敢相信，还会有今天。"

"杰奎琳，这本就是你该过上的生活，简单、幸福，但很闪亮。"

"你不会觉得我在作秀吧？"她笑着问道。

"没有啊。我觉得，适当地秀一下自己，展示自己对生活的理解，展示自己的才华，让平淡的生活闪亮一些，这是非常好的。看到你今天的样子，我真的觉得非常欣慰，也非常高兴。我甚至没想到，你能去组织那样一个活动，帮助更多的抑郁症患者。而且你知道吗？你今天的演讲棒极了。还有你这个花园，你对生活的理解，让我很惊叹，我也应该向你学习才是。"

或许你没有如杰奎琳一般感受过抑郁症的痛苦。或许你现在只是觉得生活过于平淡，每天做着同样的事情，面对同样的人；或许你会觉得与另一半缺乏激情和新鲜感，导致整个人生都乏善可陈。那么，不妨尝试着改变一下自己，即便仅仅是一些细微的改变。比如，在自己家中的窗台上种上几盆花，购买一些鱼缸养几条不需要你太操心的鱼儿，参加一个简单的健身活动，阅读几本有意义的好书。然后，在合适的场合，适当地秀一下自己，将那些令自己感到骄傲的东西展示一下，让周围的人看看你平凡生活中的另一面，给生活增添更多的色彩吧！

从现在开始，
为自己骄傲地活着

在现实生活中，有许多女人都渴望获得成功，而对于这些女人来说，她们并不是缺乏奔向成功的机会，也不是没有取得成功的资本，她们所缺少的往往是摘取成功花环最需要的自信与意志力的能量。面对人生中必须面对的困难，她们缺少了一些"挺住"的精神，所以最后才会以失败而告终。

更可怕的是，很多女人在惨败之后一蹶不振，不但不愿意去总结失败的经验，而且完全丧失了继续努力的勇气。她们因为一点点的挫折，变得不再骄傲，不再相信自己，甚至不再关注自己，麻木地沉沦下去，直到变成谁也认不出的模样。

在波姬·戴尔女士面前，这样的女人肯定会羞愧得抬不起头来。

波姬·戴尔女士是一位失明了近50年的女人，她有一部著名的作品叫作《我希望能看见》。在书中她这样描述："我只有一只满是疮疤的眼睛，只能靠左眼边上的小洞来观察这个世界，当我看书的时候，要把书贴到脸上，然后努力地把眼睛往左边斜……"

　　就是这样一个让人觉得非常可怜的人，多年来一直拒绝别人的怜悯和特殊照顾。她不希望在别人眼中，自己只是一个弱势的残疾人。

　　小时候，波姬非常渴望能和邻居的朋友们一起玩"跳房子"的游戏。可是她几近失明，根本看不到地上的线，小伙伴们都不愿意让她入伙，因为她会影响整体的成绩。波姬不服气，在小伙伴们都回家后，她就趴在地上，一点点地挪动，几乎把眼睛都贴到了地上，就这样靠着脑子里的记忆，她比谁都清楚线所在的位置，不久之后，就成为了小伙伴中跳房子的高手。

　　到了读书的时候，她比别人付出更多的努力。因为看书实在太费力了，她只得不断练习自己的记忆能力，当别人都对书本知识还是一知半解的时候，她就已经倒背如流了。最后，她获得了常人都无法获得的学位：哥伦比亚大学硕士学位和明尼苏达州州立大学的学士学位。

　　起初，她的努力只是不愿意自己在别人的怜悯中过活，到后来，她的努力则完全成为了习惯。因为眼睛没有正常人那样的功能，她就只能比正常人花费更多的时间去努力学习知识和了解这个世界。

　　在明尼苏达州的一个小镇上，波姬开始了自己的教书生涯。但这并不是她的全部，爱好文学的她开始提笔写作。可鉴于眼睛问题，她只能长时间地趴在桌子上，将头朝左偏，以保证能更清楚地看到自己写出来的字。长时间下来，她的颈椎也有些歪曲了，可是这并不能影响波姬的工作。

通过努力，她成为了大学新闻学院和文学院的教授。在明尼苏达州工作的13年，她除了上课、写作之外，还在一些妇女俱乐部发表演说，并为电台主持节目。没有一天的光阴用来虚度。

52岁的时候，她的眼科医生给她带来了一个好消息，有一种新的手术技术能够帮助她提高40倍左右的视力，但同时也存在风险，如果手术失败，就会连这么一点微弱的视力都丧失掉。

波姬毫不犹豫选择了手术："我都活了这么多年了，做了那么多的事情，找到了那么多满足感，有了那么多骄傲，还有什么不敢尝试的呢？就算失明了，我也觉得够本了。"她这样告诉自己的医生。

庆幸的是，波姬的手术非常成功，一个全新的世界在揭开纱布时呈现在她的眼前。她发现这个世界是如此的可爱，如此的令人兴奋，她抓着医生的手高兴地说："从现在开始，我要为自己骄傲地活着！"

是啊，有什么不可以的呢？波姬应该一直为自己骄傲地活着。她用那近乎失明的微弱视力，做到了很多眼睛明亮的人所无法做到的事情，她是那么的值得骄傲。

有的女人会认为，自己天生就是弱者，只要扮演好"小鸟依人"的角色就可以了，即便在经济上依附男人也无可厚非。如果遇到困难，就赶紧找一个肩膀来靠，寻求强有力的支持，殊不知这样做，便是交出了幸福的主动权。长此以往，当陷入困境且找寻不到那个依靠的时候，就很容易走到绝望的边缘。

戴尔·卡耐基有很长一段时间，都在为自己的表妹索菲娅担心不已。10年前，她和戴尔·卡耐基的高中同学结婚了。起初日子过得还不错，当索菲娅怀孕之后，就辞去了报社编辑的工作，全心全意在家里照顾孩子。

她和丈夫的矛盾也许是从这个时候就埋下了伏笔。索菲娅生产后，抑郁的情绪非常严重，但她的丈夫那时候出差在欧洲，根本无暇顾及她。聚少离多的日子，使索菲娅变得越来越乖张暴戾，戴尔·卡耐基的姨母每次去看她，母女二人都是以争吵收场。

无奈之下，姨母只能拜托戴尔·卡耐基去看看索菲娅。因为工作忙碌又离得太远，他和表妹索菲娅似乎有很多年都未见面了。当戴尔·卡耐基敲开她的家门时，简直不相信眼前的这个头发凌乱，身材臃肿，脸上挂着大大的眼袋，满脸不快之色的女人，会是自己的表妹。

记忆中的索菲娅是一个多么优秀又多么骄傲的女孩儿啊。上学的时候，她的成绩比众哥哥都要优秀，高中毕业之后，又凭着自己的努力独闯纽约，并在男人林立的大报社找到了一份很不错的工作。姨母和戴尔·卡耐基的表兄弟们都非常喜欢她，以她为骄傲。可是现在，她却变成了另一副模样。这么多年，索菲娅在孤独和抱怨中，早已经失去了她的骄傲。交谈中戴尔·卡耐基问她："你现在是否愿意回去继续曾经的工作？或者尝试着重新找一份工作来做呢？"

"哦，戴尔，你不要和我开玩笑了，"索菲娅沮丧地说道，"你觉得我现在还能做什么？我除了照顾孩子，每天做饭，收拾家里，打扫庭院之外，我还会做什么呢？"

　　随后，她的情绪就像决堤了一般，完全地爆发了出来。"整整10年了，戴尔，我嫁给汤姆整整10年，我为他放弃了那么好的工作，放弃了我可能成功的事业，也牺牲了我的青春。可是现在，我几乎见不到他，他在世界各地潇洒着，每天连问候的电话都不愿给我打一个。我们之间根本没有什么话题可聊，因为他根本不关心我！"

　　出于一种职业习惯，戴尔·卡耐基将波姬的那本书介绍给了索菲娅，并且给她讲了波姬的故事。最后，戴尔·卡耐基告诉索菲娅，婚姻不可能是一成不变的，所有恩爱的夫妻之间都有一种平衡，这种平衡就在于共同前进的脚步。彼此需要有方向差不多的目标，并一起为之努力，才可能维系彼此之间的关系。这么多年来，除了年纪，索菲娅的一切停滞不前，而丈夫汤姆却一直在前进。一方不愿意往前走，如何要求另一方也停下脚步来等待呢？日升日落的每一天，如果没有目标，又该如何无聊地打发呢？

　　戴尔·卡耐基建议索菲娅在固执地想要"一刀切"地解决婚姻问题之前，不如先解决自己的问题，找回那个骄傲的自己，再度走出去面对社会，哪怕找一份薪水不高的工作去做。这样做的目的，是希望她能够体会到，丈夫在前进的路上，都经历了些什么，而自己，也将经历那些。

　　只有把自己的骄傲找回来了，才会对未来有设想，有目标，也才会找到去追求的动力。那样的话，相信索菲娅根本就没有时间用来追问汤姆整天在干什么，也没有时间无聊地发脾气了。

两个月后，戴尔·卡耐基听到了索菲娅的好消息，她在超市找到了一份简单的工作，并且在夜校报名学习。整个谈话中，他没有再听到她对汤姆的抱怨。而最后，她语气兴奋地告诉他："戴尔，我发现那么多年不接触新的知识，当我在夜校学习的时候，居然没感到吃力，我想我应该能找到年轻时候学习的那种状态。戴尔，你一定会重新为我感到骄傲的！"

其实，有不少女人都不会心甘情愿地等待他人的赐福，所以她们会运用自身的力量努力地改变自己生活的现状。拥有这种想法的女人在很早的时候就已经知道，人生的起伏是没有办法避免的，唯有依靠自己，为自己感到骄傲，才有可能从困境中突破出来。如果只是被动地等待，那么无异于在浪费自己的生命。所以，亲爱的女人们，从今天开始，从现在开始，请将那些不自信的种种抛开，为自己骄傲地活着吧！

第 8 章

让爱情和婚姻变成
你所希望的样子

不安的世界里，
学会安静地活着

一个人，要有多么宁静平和的心，才能任世事纷扰而独自岿然不动？一个人，要多么坚强，才能坦然面对人生中的起伏悲喜？我们是在四季轮回中选择随风起伏，在命运的风起云涌中因为没有心锚而跌跌撞撞，还是用一颗了解、理解的平静之心来面对不安世界里的各种纷扰，坚守自己的信念呢？

漂亮迷人的珍恩·卡莱尔是个富家千金，还是个非常有才华的诗人。当她和托马斯·卡莱尔结婚时，所有的人都觉得她葬送了自己的幸福——她完全可以找一个条件更好的丈夫。尽管托马斯·卡莱尔非常聪明——这也是他看起来的唯一优点，至于他的缺点，简直是一大堆：不懂得上流社会的礼节，不懂得待人接物，脾气也不够随和。他是个穷小子，也看不出有什么光明前途和有权势的亲戚。可现在，珍恩·卡莱尔和她那冷峻严厉的丈夫的婚姻，已经成为了一个爱情传奇。

珍恩陪自己的丈夫一步步走向成功，陪着他写出《法国革命》《过去与现在》等重量级著作，又看着他当上了爱丁堡大学的校长，成为被伦敦人尊敬的大师。现在，当代文学天才经常在他们位于敦刻尔克的家里聚会。

这一切并不全是所谓命运的安排。珍恩·卡莱尔结婚后，为了有更多的时间帮助丈夫，为了丈夫能够不受干扰地进行创作，他们离开了繁华都市，离开了亲朋好友，来到一个与世隔绝的苏格兰安静乡村。在这里她自己操持家务，照顾丈夫，不仅治好了他的慢性胃病，并且帮助他摆脱了长久以来的消沉情绪，曾经的富家千金，现在和一个勤俭的家庭主妇没有两样。

接着，卡莱尔的作品一部部出现，逐渐地引起了思想界的注意，有不少欣赏卡莱尔才华的人开始和他交往，其中不乏漂亮的女人。但是珍恩清楚崇拜和拥有两者的区别，也对丈夫有足够的尊重和自信。而在珍恩·卡莱尔所有的美德中，最难得的是：她从未想过要去改变对方的个性。

她写过一封非常有名的信，上面这样写道："我不鼓励每个人都变成同一种类型，事实上这也办不到。于是，我就用粉笔画一个圈圈，告诉圈里的人，你尽量发挥出自己独特的个性，但前提是，不能跨出圈子。"

也许，有的女人会认为，改变卡莱尔先生不随和的性格，对他只有好处，尤其在人际交往上更是如此。但珍恩宁愿尊重卡莱尔先生真实的一面，并希望世上的人都能够接受他，每个人的个性不尽相同，因此珍恩并不多加干涉。

怎样可以了解一个男人的能力是大是小，是帮助男人看清自身的能力，还是推动他去做超出能力范围的事，往往都要由他身边的女人来决定。珍恩·卡莱尔就很明白，卡莱尔先生是个很有智慧的人，所以她能够尊重卡莱尔直爽固执的个性，只是限定好他的"粉笔圈圈"，并不想将他改造成一个彬彬有礼的社交专家。

世界充满了欲望和不安，许多人深陷在这些欲望的陷阱中，并不是所有人都能像珍恩那样，在不安的世界里安静地活，也不是每一个妻子都这么了解丈夫。许多男性活得十分痛苦，究其根源大都是因为有一个野心太大的妻子，常常被她们逼着去做超出自己能力范围的事。本来，有很多在基础职位上的人工作得很好、很高兴，如果强迫他们去争取高端职位，只会增加他们的烦恼，从而患上各种疾病，甚至提前进入坟墓，因为他们的神经系统承受不了过多的责任和压力。

奥里森·史维特·马登说："做一个一流的砖瓦匠，也比其他行业的二流人物好得多。"成功就是将适合我们性格、心理和能力的工作做到最好。

人类形形色色，并不是每一个都能成为将军或董事长。但是，由于社会将拥有大头衔的人的名声过于夸大，误导了人们，觉得那些满足于低职位的人都没有上进心。他们的妻子意识到这种情形，就会提出不合理的要求，认为不论从社会上还是从经济上来看，他都应该像天才一样超过邻居、朋友的地位和收入。

你们有谁能因为想得多而长高了呢？没人能做到。然而，有许多妻子还是认为她们能够做得到，因此悲剧仍然在继续上演。

有这样一个女人，和丈夫结婚以后，她就一直努力想让自己的丈夫成为白领，直到现在已经有20年了。她的丈夫本来是个熟练的水管工，而且很喜欢自己的工作。但是，当她看到朋友们的丈夫上班时拎着公文包——哪怕里面空空如也，自己的丈夫却拿着盒饭上班——尽管里面装满了最好的饭菜，她就觉得很羞耻，于是开始向丈夫提出换工作的要求。

为了不听到太太的整日唠叨，这个可怜的家伙进入一家大公司当抄写员，现在他的双手已经拿着笔杆，而不是螺丝刀了。他的太太这才觉得能够抬起头做人，一有时间就告诉自己的朋友，她是如何将自己的丈夫从蓝领阶层里拯救出来的；幸亏听了她这个想法，丈夫才能有点成就……这些年来，尽管困难重重，他还是尽力晋升了好几级，薪水大大提高了，从前当水管工人的收入是没法与之相比的。但现在的他，是个对工作极端厌烦的普通文书，得不到任何生活乐趣，一张死气沉沉的脸上写满了绝望两个字。

为了高薪，逼迫一个人放弃他喜爱的职业去屈就不感兴趣的工作，甚至让他硬着头皮离开合适的工作岗位被迫升职，并不是一种幸福。所以有时候，必须具备很大的勇气，才能在这个不安的世界里，守住自己安静的内心。

因为看到了太多成功的人，所以人们会想着模仿别人，希望能够得到同样的认可，从来不正视自己究竟需要什么。殊不知，只会一味跟在别人身后走的人，走得再好，也不过是在重复别人的路。而且，每一个成功都是不可复制的，没有两个人会踏入同一条河流。盲从，只会在不知不觉中让属于自己的那条路上杂草丛生。

世界已经很不安，与其勉强别人，不如尊重一个人的本性；与其在不合适的环境中焦虑、痛苦，不如过自己喜欢的日子，安安静静过好自己的人生。

爱，
因为懂得所以发生

　　男人最希望女人在他们面前表现出的品质是什么？在第二次世界大战结束之后，有人对军队中的士兵进行过一次调查："你希望从婚姻中得到什么？"这些身穿帅气制服，周游过世界的小伙子们，几乎不假思索地给出了答案。不是魅力，不是兴奋，而是朴实老套的"舒适"。这也许与很多女孩认为男人所在意的不同，但是，姑娘们，你以为的可能只是你所以为的，"舒适"正是男人想要的。很明显，在男人看来，一斤"舒适"超过一斤"魅力"或"才华"的价值。

　　洛杉矶家庭关系研究会主任鲍宾诺说：大多数的男人在找妻子时，不是去寻找一个有经验、有才干的女子，而是在找一个长得漂亮，会奉承他，能满足他优越感的女人。所以就有这样的故事：

　　一位担任经理的未婚女士，被男士邀去一起吃饭。这位女经理在餐桌上，很自然地聊到她的高学历、渊博的学识和成功的事业。饭后，这位女经理坚持要独自埋单，结果，她落了个再也没有男人来邀请她吃饭的结果。反过来，一个没进过大学的女士，被一位男士邀去吃饭时，她会热情地注视着邀请她的男人，带着仰慕的神情说："你讲的笑话太有趣了……你再说一个吧！"结果呢？这位男士会告诉别人说："她虽然不十分漂亮，可是她让我觉得很舒服，我从没遇到过比她更会说话的人了！"

男士们总是赞赏某位女人多漂亮，形象多美丽可爱，这也是从他们所认为的舒适角度出发得出的结论。实际上如果他们稍微留意，就会发现每个女人都会重视穿衣打扮，而且在这一点上女人要比男人认真得多。如果，有一对男女在街上遇到了另外一对男女，女人往往很少注意到对面走过来的男士有多英俊潇洒，而总是会仔细看看，对面那个女子穿了件什么衣服。

几年前，戴尔·卡耐基的祖母以98岁的高龄去世。她去世前不久，他拿了一张她自己很久以前的相片给她看。老祖母已经两眼昏花，她吃力地问："相片上我穿了件什么衣服？"一个卧床不起的高龄老太太，甚至已经认不出自己的儿女，可她还想知道这张老相片上，她穿的是什么衣服。老祖母提出这个问题时，他就在她床边，这一幕给戴尔留下了很深很深的印象。

男士们或许不会记得，五年前自己穿过什么外衣，哪一种衬衫……其实，男士们也没有太大的兴趣去记它，男士们对衣着的概念仅仅局限于自己看着顺眼不顺眼罢了，事实上，女人才更注意女人的衣着。

那么，下一个问题就是：女人最希望男人在他们面前表现出的品质是什么？关于这个问题，先讲一个可笑的故事：

有一个农庄的女厨子，在开饭的时候，在几个男工面前的盘子里都放上一堆草。那些男工问她是不是疯了，那女的回答说："哦！我还以为你们不会注意盘子里放的是什么呢！我给你们做了20多年的饭，那么长的时间里，我从没有听到一句关于食物的谈论，会让我知道你们吃的不是草！"

是的，赞美，发自内心的赞美，而不是熟视无睹的漠视，正是很多女性所重视的答案。

沙俄时代的莫斯科和圣彼得堡，上流社会的贵族们很注重礼貌。当他们吃过一桌可口的饭菜后，一定要请主人把厨房大师傅叫到外面的餐厅，接受他们的赞美。但是在家庭里，男人们却很少赞美妻子的手艺，即使妻子把一盘鸡肉烧得再美味可口，他们也不会好好夸一夸。所以，女人分不出他们是不是就像吃了一盘草。但是，有了赞美肯定会完全不一样。

迪斯雷利是英国一位极负盛誉的大政治家，人们都知道，他也毫不隐藏地想让人们都知道：他得到了妻子很多帮助。迪斯雷利的妻子玛丽安是一位比他大15岁的寡妇，既不聪明也不漂亮，他们结婚时，她甚至已经两鬓斑白。但是她有将家庭经营得轻松快乐的非凡才干。每天晚上，迪斯雷利从议院回来，无论狼狈还是疲惫，玛丽安都从来不嘲笑他、责备他，而是立刻让他睡个安稳觉。凡是迪斯雷利下决心去做的事，玛丽安总是他最坚定的支持者。迪斯雷利始终很感激他的妻子，并且处处赞美妻子，维护妻子的尊严，甚至跑到维多利亚女王那里，替妻子讨了个比康斯菲尔德子爵夫人的封号。在女人看来，像迪斯雷利这样发自内心感激妻子的才干，而不仅仅在意女人容貌和身材的男人，才是真懂得欣赏女人的男人。

有一家杂志对好莱坞著名喜剧明星埃迪·坎特进行了采访，上面这样写道："在全世界所有的人中，我太太对我的帮助最多。她和我青梅竹马，她一直鼓励我勇往直前。我们结婚后，她把每一块钱节省下来，投资再投资，替我积累了一笔财产。现在我们有五个可爱的孩子，她为我经营了一个甜蜜的家，我如果有任何的成就，要完全归功于我的太太。现在，我想让她随时随地听到我由衷地赞美，我想让她感受到我的欣赏和赞美是那么真诚，事实上，有那样一种发自内心的欣赏和热爱，也让我感到很快乐。"

男士要保持家庭的美满快乐，最重要的就是：发现妻子的种种美好，并给予真诚的欣赏。而女人们的爱，必会因为懂得，所以发生。

女人如何与男人相处，实在很难用一个简单正确的公式来让人遵循，这是因为每个人的见识、个性都不一样。但是，我希望，至少双方之间能进行一些必要的了解。为了建立一个更美好的世界，男女双方应彼此携手，以爱和友谊来共同创造这样的理想天地。

你若温柔，
必有力量

几年前，卡耐基和妻子桃乐丝一起去欧洲旅行时，参观了一场柔道比赛，这是一种从日本传过来的搏击术。与其他搏击比赛不一样，柔道选手之间没有那种激烈的较量。相反，参赛者往往对对手的攻击采取忍让态度，接着再伺机发动反攻。当时陪同他们的还有一位查尔斯·迪克勒先生，他对东方文化有着浓厚的兴趣。他告诉卡耐基，柔道的发源地是在古老的中国，而中国人是用"以柔克刚"来形容这种方法的，这种方法至今被许多中国人所推崇。

旅途中，卡耐基和桃乐丝一直在讨论着柔道。突然，桃乐丝说："如果我们在与别人相处时也能做到'以柔克刚'的话，那么一定可以避免很多麻烦。"桃乐丝的话提醒了卡耐基。的确，我们为什么不能在日常生活中运用这一原理呢？如果女人们真的能够做到"以柔克刚"的话，相信一定可以让你们成为最受欢迎的人。

加州心理学教授斯科尔·塔克拉曾经说："即使一个人的

脾气再坏，当他遇到一个和蔼可亲、笑容满面的人时也很难发作。很多人不明白这个道理，当面对麻烦时，他们往往采取硬碰硬的方法来解决。我们先不谈这种方式能不能解决问题，但它一定会让你的形象在别人的心中大打折扣。"

除了外貌、气质以外，温柔的处事方法是最能体现女人们魅力的地方。没有人会把一个斤斤计较、绝不退让的女人与"魅力"一词联系起来。和这种女人相处是一件很头疼的事，更别说是喜欢她、赞赏她。相反，如果一个女人对谁都笑意盈盈，而且处理问题时懂得委婉和谦让，那么她将成为众人眼中最有魅力的女人。

以前，卡耐基在密苏里州居住的时候，有位叫沙妮娜女士的邻居，所有的人都非常喜欢她，还把她称为"最讨人喜欢的太太"。那时候卡耐基还很小，对于如何处理人际关系没有一点概念，但在他的印象中，沙妮娜太太从来没有和谁发过火，也没有与谁争吵过。

记得有一次，附近农场的猪跑了出来，把她家种的蔬菜全都啃了个遍，而且还撞坏了篱笆。可以看得出，当时沙妮娜太太非常生气，因为那些猪影响了她整个季节的收成。猪的主人感到很不好意思，就上门向沙妮娜太太道歉，并表示愿意赔偿一切损失。可是，沙妮娜太太没有要他赔偿，只是接受了他的道歉，并且还告诉他不要把这件事放在心上。老实说，当时很多人真是替沙妮娜太太鸣不平，因为只用道歉是不可能弥补她的损失的。不过，卡耐基清楚地记得，从那以后，那家农场的主人和沙妮娜太太成为了非常要好的朋友。

　　沙妮娜女士这种做法无疑是非常值得赞赏的。试想一下，如果当时沙妮娜太太和农场主大吵大闹的话，情形将会怎样呢？那个人很可能会恼羞成怒，与沙妮娜对峙起来。他会强调说，猪跑出来是谁都不想的事，而且他也不是故意这么做的；而沙妮娜太太则会强调不管怎样，他的猪已经给她造成了损失。那么，结果很可能就会演变成一场可怕的争吵。

　　有些女人可能会说：你所说的这一切不过是一种处世的技巧罢了，你这种做法是以牺牲我们的利益为前提的，而我们又能得到什么呢？而且，如果这样做，肯定会有人把我们的这种做法看成是软弱。

　　女人们的这种担忧虽然有一定的道理，但也是错误的。来看看这位夫人的葬礼吧。当时，很多人都来了，有一些还是从很远的地方赶过来的。沙妮娜太太墓碑上的祭文是这样写的："这里躺着的是世界上最温柔的女人，她的风度以及宽容让所有的人都为之折服"。这就是大家对沙妮娜太太的评价。如果女人们想成为一个有魅力的人，那么你们不妨用"柔道"去打动对方。

　　英国人际关系学家卡斯·卢卡泽说："最成功的女人就是那些能够运用巧妙的方法让别人接受自己，获得别人的好感，让别人感受到她们魅力的人。我承认，得体的衣着、迷人的气质都是成为一个魅力女人的必备条件。然而，懂得温柔的处世方法却是最重要的。"

　　一个懂得"以柔克刚"的女人，或者说一位充满温柔力量的女人，首先就要是一个会微笑的女人，因为微笑是打开对方心灵的一把钥匙。事实上，所谓"柔道"就是以最温和的方式打动对方。曾经有一位诗人说："微笑是世界上最有魅力的表情，能让所有人都感受到温暖。"

　　而最能体现女性温柔的，莫过于说话的声音。当然并不只是轻声说话，而是一种传达内心柔情的方法。如果女人们能够做到这一点，再配上微笑的脸庞，那么相信没有人会不被你的魅力所折服。

　　不与人发生争吵是温柔女人的杀手锏。争吵是最愚蠢、最无能的一种方式，所以不管女人们遇到什么问题，都不要为了逞一时之快而失了风度。

沉默，
不能给你带来太多

有些话不说，以后可能就没有机会说了。

沟通使陌生的人互相接近，沉默却使熟悉的人变得疏远。很多相处已久的男女朋友，明明想人陪，却想：他一定知道，于是选择沉默，实际上却在等待惊喜，这样的做法，只换来失望。

其实，沟通是一辈子的事情，虽然有些话，不说为好，但是，也有一些话，还是早说的好。两个人可以讨论的事情，千万不要表现得太过沉默。

克瑞斯塔尔和一位很不错的男人分手了，事情的起因只是一件衣服而已。原来，男人有个工作机会到巴黎出差，得知这一消息的瞬间，克瑞斯塔尔心花怒放。她默默地想，一向体贴的他一定会想着为自己挑选几件新潮衣服吧！直到飞机飞入了云层，克瑞斯塔尔还在暗暗猜测：他会带回来什么颜色的衣服？苹果色、橘子色还是香蕉色？

期盼的日子总是过得很慢，只是，克瑞斯塔尔期盼中的果色含香的衣服还挂在巴黎的玻璃橱窗里呢！归来的男人一脸无辜："衣服？你没让我买啊！再说，我不知道你到底喜欢什么样的款式和颜色，青苹果？红苹果？绿橘子？金橘子？还是黄香蕉？白兰瓜？让我怎么带呢？"克瑞斯塔尔感到十分失望："其实衣服的款式或者颜色我并不在乎，我在乎的是有没有牵挂我的爱心，爱心才是最重要的颜色！"克瑞斯塔尔最终离开了那个男人。

芝加哥法官塞巴斯蒂安曾经处理过四万件和婚姻有关的案件，同时调解过两千对夫妇。他曾这样说过："婚姻快不快乐，往往都是因为一些小事。小事的力量不容小看，简单举个例子，上班时和对方说再见的人，往往不容易离婚。"人与人的相处中，只有细节，没有小事，注意细节往往会让人感觉你常挂念着她，你希望她快乐。特别对女性来说，她们感觉礼物更代表一份关心。

年轻英俊的亚瑟王在战斗中被俘，敌人对他说，如果他能回答出一个难题，便可以重获自由。这个问题就是：女人真正想要的是什么？亚瑟王向身边的每一个男人询问，但总是得不到一个满意的答案。他只能付出巨大的代价，去询问一位强大的女巫，才得知：女人真正想要的是主宰自己的命运。每个人都感觉女巫说出了一条伟大的真理，于是亚瑟王自由了。但女巫说出的只是表面的现象，真正的答案其实藏在这个答案背后，那就是：爱。

因为希望被人爱，希望得到爱，希望获得那种渗透着温暖或炽热的情感，所以女人总是将爱寄托在他人的身上。一且事情不是自己想要的样子，女人的表现就容易被误解为"挑剔""严苛""无理取闹"，不只是爱情，甚至友情、亲情都是这个样子。

但是与女人的这种间接感受相反的是男人的思维。他们习惯于直接交流：

"我想凭我的业绩可以加薪了。"

"我希望下一季度的工作，你不要表现得这么差。"

"我希望你以后不要穿得这么暴露（看起别的女人他可是目不转睛的），我感觉很不舒服。"

女人习惯于含蓄，遇到事情不愿直接说出来，男人经过了恋爱时的小心翼翼，到了婚姻状态总会松弛下来，变得少了情趣，所以终会有一天，女人忍无可忍地大发雷霆："你为什么不在乎我！"

是真的不在乎吗？其实，达不到对方的要求，很大程度上并不是爱不爱的问题，而是能力的问题。因为大家的能力都有限，就算再了解对方，也会有力不从心或疏忽的时候，女人们如果换种方式，把你的需要直接说出来，效果反而会好很多。

霍勒伦的孩子14个月大的时候，著名的脸谱网向她发出了一份很不错的工作邀请。刚接到邀请时霍勒伦很犹豫，因为这份工作是全职，而且会有出差的时候，如果丈夫不分担家务帮忙照顾孩子，她可能就丧失了这个好机会。经过思考后，霍勒伦决定和丈夫安迪一起讨论这件事情。讨论的结果是：安迪认为霍勒伦应该抓住这次机会，而他调整了自己的工作时间，早晚由安迪负责去接送孩子，而且在霍勒伦出差的时候他会整天在家照顾孩子——事情得到了完美的解决。

你们可以遇事商量，如果他满足不了你的期待，你可以选择体谅他，但是不能不说出你的期待或者想法，也不能只用暗示的方法让他先开口，更不能没有商量，就为对方找借口，放弃自己可能得到的东西。如果你不说，他就不会知道你到底想要什么，更不会主动地帮你想到，大多数男人只是凡人。

别再犹豫了，主动对他说出你的需要，也许是一套新家具，也许是一次旅行，或者是你想要生个孩子。这样告诉你，并不是在为男人的粗心大意找借口，更不是让你借机主宰对方。如果你只是以自己的喜好去主宰对方，却不去考虑对方的接受程度，那么同样得不到满意的结果。如果当你尊重别人、理解别人时，得到的往往会更多。

请你说出你的心愿，看他愿不愿意为你完成，能得到爱也是一种能力，沉默并不能给你带来太多。

好丈夫，
是你培养出来的

好丈夫可以说是好妻子培养出来的。这不是说女性依附于男性，才能体现最好的生存价值，而是，希望是一种伟大的精神，一个人只有给别人希望，才能真正为自己带来希望。

英国有名的政治家——查士德·费尔爵士的调查显示：每个男性都拥有两个自我——真正的自己和理想中的自己。比如说，一个男性如果非常害羞，他就希望自己更勇敢些；如果他并不太受欢迎，那就会希望自己被大家喜爱；如果他信心不足，就会渴望拥有大无畏的精神。女人所能变的最大戏法是把对方变成自己期望的样子，方法其实并不难，那就是：不要过分挑剔；不要经常与别人对比；用温和、耐心加以鼓励和赞赏，使对方对自己充满信心，尽力帮助他成为他理想中的样子。

情感专家玛乔力·霍姆斯这样说："当男人听到女人诸如'你真是了不起''我为你感到骄傲''我能拥有你真是幸福'的赞美，几乎所有的人都会觉得心花怒放。"许多成功的男性中，除了小部分拥有特别的天赋之外，更多原本普通的人用各自的经历充分证明了这种说法。

派克斯先生是派克斯货运和装备公司的总裁，他在写给卡耐基的信中这样说道："我深信，一个男人不仅可以变成自己理想中的样子，也能够变成妻子所期望的样子。我面试过许多人，但是我必须和他们的太太谈话以后，才能够决定是否把一个管理者的职位交给他。一个男人在事业上的成就往往取决于妻子的生活态度，以及她鼓舞丈夫的程度。我自己就是一个很好的例子。"

派克斯太太原本是个富家小姐，在嫁给派克斯先生之前，过着非常优裕的生活，几乎是要什么有什么。她本人也受过良好的教育，是个十分幸福的小女人。而派克斯呢，既没有钱，也没有受过高等教育，除了妻子对他的信任和自己想闯天下的欲望之外，简直一无所有。

他们结婚的头几年生活非常艰苦，面对不断的失败与挫折，派克斯太太不但从不抱怨，还不断地鼓励派克斯。在正向的激励下，现在派克斯的事业取得了成功，他认为这一切都要归功于妻子的鼓励和支持。这几年，派克斯太太的身体一直不太好，但是她仍然很活泼开朗。每天早上当派克斯离开家时，她总会问，亲爱的，今天有什么事情需要我去办吗？晚上派克斯回来，她都要听他讲述这一天的故事。妻子念念不忘地要帮助派克斯，让派克斯感觉到自己要加倍努力，才不会令她失望。

但是，有些女人的做法和派克斯太太完全相反。她们一心想让生活成为自己理想中的样子——比别人更富有，有更豪华的新车和新衣服，各种夸耀炫富，完全不考虑丈夫本身的能力，让丈夫深陷债务危机中，结果她们的丈夫就永远不会达到她们的要求。

一味的要求和刺激不能使任何人进步，最好的方法是鼓励和欣赏。那么我们应该怎样鼓励，才能让一个人成为他理想中的样子呢？那就是，找出对方的优点，然后给予赞赏和鼓励。当对方信心不足的时候，找出他以前做过的有勇气的事情，比如："记得那一次为了减少部门的浪费情况，你对老板的提议吗？这件事需要极大的勇气，而你做到了！真是不简单。"听到这样的话，就算多么懦弱的人，也会继续努力。如果有个女人肯定他的才干，他甚至还会觉得，自己的表现也许能够更勇敢一些——最后他就真会这样去做了。

作为有本事的女人，必须给对方一些聪明的指导，永远别对男人说"你不行，你失败了""你从来都不会为自己争取，我都怀疑你敢不敢对一只猫说一个'哼'字！"这种话又会达到什么效果呢？尤其是他的野心实际上比对一只猫说一声"哼"更大的话。

玛格丽特·卡金·芭宁发表在《四海》杂志上的文章说："如果他确实不行，他的老板会毫不留情地告诉他。但是在家里我们要鼓励他：只要努力，人人都会成功。一个对丈夫说'你太失败了'的妻子，只会让丈夫失败得更快。"这绝不是危言耸听。一个女人明智的言语，确实可以让男人重树信心。

汤姆·乔斯敦是个退伍军人，他在战争中负了伤，不仅瘸了一条腿，还留下了满身的疤痕。还好，这些伤疤不妨碍他继续游泳。出院后不久的一个星期天，他和太太到海滩度假。乔斯敦先生在沙滩上享受日光浴时，很快发现大家都用异样的眼光注视着自己。他瞬间明白了，是伤痕累累的腿惹的麻烦，他忽然感觉十分自卑、十分难受。

于是，当乔斯敦太太提议下个星期天再去海滩度假的时候，他拒绝了。他不愿意出门，宁愿留在家里。太太明白了他的心思，很坦率地说："汤姆，我知道你为什么不想出去，腿上的疤痕让你烦恼了是吗？"

乔斯敦先生说："我承认她的话很对。接下来她又说了一些话，让我心里充满了感动，简直今生都难以忘怀。她说：'汤姆，你要记住，你是怎样光荣地在战场上赢得了这些伤疤，它们是你勇气的徽章，不要羞于展现它们，你应该为此感到骄傲。现在我们一起出发去游泳吧。'"最终，他们高兴地出门了。

毫不夸张地说，历史上许多人由失败走向成功都要归功于赞赏的话语。再看看艾利·卡帕森这个杰出桥牌手的例子吧！他说，刚到美国的时候，做任何事情都不顺利，他甚至怀疑自己是个最差劲的桥牌手。后来，他娶了约瑟芬·蒂伦——一位迷人的桥牌教师为妻，这才渐渐走出了低谷。因为约瑟芬使他相信自己很有潜力，是一个桥牌天才，目前的低谷只是必要的磨炼而已。妻子的这种鼓励终于使艾利在桥牌这条道路上坚持下来。

女人们，我们不甘心做一个等待别人赐福的人，而应该做个赐福给别人的人，首先值得赐福的，就是你身边最亲近的人。发自内心的赞美和激励的确是一个有效的办法，能够使别人发挥出最大能力，也能给我们带来内心的满足。同时，给了别人希望的人，自己才会拥有更多的希望和未来。

勇敢，
也是一笔巨大的财富

　　卡耐基的祖父原本是堪萨斯州的一个农民，但他一直想要把家搬到偏远的泰里特利，想在那片未开垦的处女地上做出一番事业，只是一直没有足够的勇气搬离熟悉的家乡。他的祖母哈莉特表面上是个普通的家庭妇女，但骨子里不乏冒险精神。得知了祖父的想法后，她给予了丈夫莫大的支持，于是，他们带着孩子们举家搬迁。他们来到锡马龙河岸，在俄克拉荷马州的东北部安了新家。

　　在这个小乡村，也就是后来的杜尔沙市，祖父盖了一座简单的木屋，还在自己开垦的土地上围起一圈篱笆。不久，他还借钱开了一家小店。祖母哈莉特虽然身体很弱，却还要负责照顾九个孩子。生活过得十分艰苦，她只能用旧报纸来糊木屋的墙壁，以免风灌进来。这里荒凉极了，没有医生，仅有的一所学校只有一间教室，但祖母从来没有过怨言。

　　他们的全部生活就是还债和艰难度日以及熬过年复一年的寒冷冬天和炎热夏天。虽然日子没办法和城市的人相比，但祖父终于成功地在这里开辟了自己的农场。哈莉特看着她的丈夫变成一个受人尊敬的人，子女们也都成家立业。最终，泰里特利发展成为联邦政府的一个州。

可以说，联邦政府所有州的发展都离不开像他祖父这样的男人，因为他们有眼光，开拓了新的天地；同时也离不开像祖母哈莉特这样的女人，她们有敢于冒险的精神。她们不害怕面对艰险、困难和疾病。她们留给儿女的是一片辽阔的土地，毫不退却的决心以及百折不挠的勇气，这些都是巨大的财富。

一个具有进取心和创造力的人，一个能够抛弃安定生活的人，绝不会因为遇上困难而退缩。如果一个女人有像拓荒者的无畏精神，放手去做自己喜欢的事情，哪怕做法非常冒险，即便遭到挫折，也毫不退缩，这样的女人，一定会成功。

1888年，法国巴黎科学院主办了一期征文活动。在公认的科学价值最高的一篇文章里，有这样一句话："说自己知道的话，做自己应该做的事，成为自己想成为的人！"作者是38岁的俄国女数学家苏菲·柯瓦列夫斯卡娅，她是斯德哥尔摩科学院的第一个女院士。

苏菲出身贵族，从小性格孤僻，但却是一名数学天才。她10岁就学完了高等数学的课程，14岁阅读了一本《物理学基础》，便能独立推导出其中的三角公式。随着时间的流逝，苏菲逐渐长大成人，她对数学的兴趣也与日俱增，她的才华甚至引起了著名数学教授的注意。但那时，俄国不允许女性进入高等学校学习。于是，苏菲勇敢地与一名年轻的古生物学家商量好，两人假装结婚，然后一起去德国的海德尔堡求学。但在那里，同样不让女性注册上学，她只被允许旁听。

求学心切的苏菲又前往柏林，但柏林大学同样不允许女性听课。她没有退缩，另辟蹊径，勇敢地去拜访当时最有名的数学分析学家维尔斯特拉斯。这位严厉的教授没忍心赶走衣着土气却求知心切的苏菲，于是向苏菲提了一些椭圆方面的难题。这些问题在当时属于很新的领域，没想到苏菲解答得很好，维尔斯特拉斯由此确定苏菲是一名数学天才，他破天荒地答应每个周日在家里给她单独讲课。

1874年，在维尔斯特拉斯的推荐下，24岁的苏菲获得德国一流学府哥廷根大学的博士学位，成为当时世界上屈指可数的女博士。

1883年奥德赛科学大会上，她以出色的研究成果做了报告，但当地报纸公然攻击道："一个女人当教授是有害的！"但苏菲无所畏惧，她成为斯德哥尔摩大学教授，还像男人一样走上讲台，以生动的课程，狠狠反击了社会上的偏见，并且赢得了学生的拥戴，成为当时数学界一颗璀璨的明珠。

只有自己才是自己命运的主人，不要让自己成为一个生活的观众、世界的看客或男人的附庸。人生最大的悲哀莫过于别人替自己选择，女人最大的悲哀莫过于让男人成为自己的主宰。只有驾驭自己的命运，才能做一个幸福独立的人，也才能拥有不一样的人生。如果你认定自己一无所长，你便真的会庸庸碌碌地过一生。

如果你坚持拥有自己的独特，无论走到哪里，无论过程多么艰辛，得到什么结果，你都会赢得人生的尊重。

　　查尔斯·雷诺兹是俄克拉荷马州一家大型石油公司的财务总监。他的前途光明，绝对会步步高升。聪明伶俐的雷诺兹十分喜爱绘画，曾画了许多风景画挂在办公室的墙上，甚至会有人慕名来买他的画作。雷诺兹对工作兢兢业业，但他渴望有更多的时间用在绘画上面。新墨西哥州的欧斯城是艺术家的大本营，雷诺兹一直想放弃总监的工作，移居到那里进行创作。当他和太太露丝就这件事情进行商量的时候，露丝表现出了惊人的勇气，她马上说："没问题！我们可以将家里所有的东西卖掉，到那边开一家商店，专门出售绘画用品，比如画框什么的。我照顾店面，你专心画画。我想这事并不太难！"

　　有了妻子的支持，查尔斯·雷诺兹辞掉了工作，带着妻子和三个小孩搬到欧斯城，一心一意绘画。看得出来，他们一家人都具有开创事业的精神，年轻的小查尔斯放学后经常到店里帮忙。功夫不负有心人，查尔斯终于成为美国西南部最成功的画家之一。他办过全国巡回展览，还在许多画廊举办过个人画展。现在的查尔斯不仅是欧斯城画家协会的会长，而且还拥有了自己的画廊和画室——这都是由于他和妻子勇敢尝试的结果。

　　其实，这种冒险成功的可能性非常高，海军陆战队司令范德格里夫特将军常常在开战前对他的军队说："上帝对那些勇敢而坚强的人总是偏爱一点。"

　　能给一个人带来快乐的工作可能不是赚钱最多的，而是能够让内心得到真正满足的工作。成功的定义并不等于赚多少钱，开多豪华的车，过多舒服的日子。有本事的女人在精神上一定有足够的耐力，对自己对家人都有足够的自信，舍得放弃不感兴趣的工作，"任性"地从事热爱的事情。

幸福还是不幸，
只取决于你的韧性

谁不想在自己最美的年华里，遇见最爱的人？在最合适的时间里，做自己最喜欢的事情？在回忆的余味悠长里，看到最留恋的那段时光？可生活，却总是以不完美的状态示人。所以，苛求绝对完美的心态与做法，不仅违背自然，也往往使我们离完美更远——生活本来没有完美无瑕，而幸福或不幸，完全取决于自己，我们可以选择做一个韧性的女人，不耽于意气，不荒于自怜。

托尔斯泰出身贵族家庭，经历丰富，思想深邃，是世界最著名的小说家之一。他那两部名著《战争与和平》和《安娜·卡列尼娜》在全世界读者的心中永远闪耀着光辉。托尔斯泰当时就是很多人的偶像，甚至有崇拜者整天追随在他的身后，将他所说的每一句话都记下来。即使他说了一句："我该去睡了！"也都给如实地记录了下来。

托尔斯泰和他的夫人索菲亚的生活看起来美满极了，他们有爱情，有财产，有社会地位，还有一群可爱的孩子。索菲亚不仅勤于操持家务，打理产业，而且还为托尔斯泰誊写过手稿，例如《战争与和平》，她就抄过很多次。

但是后来，社会的迫害和动荡使托尔斯泰的思想发生了很大变化。他像是变成了另外一个人，对社会秩序、信仰和家庭观念全部产生了否定的思想。他把剩余的生命，贡献到社会活动中。他把自己所有的土地给了别人，自己过着贫苦的生活。他去田间像个农民似的伐木、堆草，自己做鞋，自己扫屋子，用木碗盛饭吃。

妻子索菲亚越来越跟不上托尔斯泰的激进观念：托尔斯泰认为拥有财富和私产是一种罪恶；托尔斯泰坚持放弃他所有作品的出版权，不再收任何的稿费……

在82岁时，托尔斯泰为了追求思想上的彻底解脱，在一个下雪的夜晚，走出家门，奔向那无边的黑暗中。11天之后，托尔斯泰非常不幸地得了肺炎，倒在了一个车站里。他临死前给妻子的遗书上说："年轻时候我爱上你，虽然后来渐渐冷淡，但对你的爱从未终止，直到今天还是这样……你我的精神走上不同的方向，这不全是你的错……我将离去。亲爱的，请不要痛苦。"

可见，即使是最美好的爱情，也不会十全十美。一段再美好的爱情，可能并不会有完美的结束，其中的多变正是因为人性和社会的复杂。正视这一点，便不要对爱情有什么苛求。

有人说，林肯一生中最大的悲剧，不是他被刺杀，而是他受伤的婚姻。但林肯通往总统的路上，对他支持最大的，也是他的妻子。

林肯出身在肯塔基的一个农民家庭，从4岁到21岁，林肯只上了一年学，可以说，他是在社会大学中受到的教育。而他的夫人玛丽，却出身于勒克斯顿的一个名门望族，祖父是一位将军，父亲则是一名富有的银行家，姻亲遍布政界。在与玛丽结婚之前，林肯曾向一名朴实的女子安妮求过婚，但遭到了拒绝。如果林肯当初娶了安妮为妻，他会过得十分幸福，但他可能不会成为美国总统；林肯娶了玛丽，虽然婚姻很不愉快，结果却顺利地成为了美国的总统。

玛丽虽然出身显赫，在事业上和精神上给了林肯很大的帮助，但是她本人有傲慢、自以为是、尖刻和唠叨的缺点，让林肯疲惫不堪。她永远抱怨，永远批评她的丈夫，她认为林肯的事情没有一件是对的。她抱怨丈夫的脚步太生硬，动作不斯文……她坚持要他改变走路的样子；她不喜欢他的两只大耳朵，简直和脑袋构成了直角；她埋怨丈夫的鼻子不直，嘴唇太难看，手脚太大，偏偏脑袋又这么小……可以看出来，当一个人以偏概全，便会距离幸福更加遥远。

虽然婚姻生活不是那么愉快，但是林肯清楚，生活中没有完美无瑕。他说过：一个暴躁的女人和一匹难驾驭的烈马，都需要耐心对待，无论对女人，还是对马。而事实上，林肯对待妻子总是像对待淘气的孩子那样，耐心宽厚不加计较。"生活就是允许对方一起生活"，从林肯的这句话上可以看出，他十分理解婚姻生活相互包容的真谛。

所以，对未来充满信心，然后竭尽全力实现目标，才是婚姻中两个人最重要的事情。两个人在一起设计未来是非常美妙有趣的，同时，在实现目标的过程中，两个人可以一起同甘共苦，品尝胜利与失望、成功与失败的不同滋味。

有一次，乡村音乐歌星吉恩·奥特里在麦迪逊广场花园举办演唱会，当时他的演艺事业如日中天。有一天晚上，卡耐基去采访他，他的妻子依娜也在。中途休息时，他们决定一起去吃晚餐，但是在出口的地方被一群年轻小伙子挡住了去路——他们想要吉恩的签名。但是晚餐安排的时间非常短，奥特里看了自己太太一眼，担心她会因此恼火。她看到他眼神里的疑问，笑着说："吉恩从不会对别人说'不'，特别是对年轻人。"于是吉恩高兴地和年轻人打招呼，为他们在节目单上签上自己的名字。

吉恩·奥特里之所以非常受欢迎，除了他热情的笑容和好听的歌曲外，他妻子的社交能力也功不可没。比起那些杂志、报纸等媒体上介绍的吉恩·奥特里，妻子依娜脱口而出的话语更能真实地反映出他的天性，这些都是他的热情、亲切和体贴的最好证明。

假如妻子想要帮助丈夫走向成功，首先应该清楚丈夫的想法。但是，有很多夫妻在创业时，却发现他们的意见完全相反，这会导致两人陷入争执中，从而使事情半途而废。这个时候，你们不妨平心静气地谈谈，明确一个目标，然后共同努力。即便你的丈夫有自己明确的目标，在创业的过程中，你也可以加入他长期的计划，共同努力。

第 9 章

你要相信，
最好的正在来的路上

这事太小，
不值得你垂头丧气

上天赋予每个人可以独立思考的大脑，人们用它来捕捉生活中的美好。他们在枯树的一颗嫩芽上可以看到春天的消息；在迁徙的候鸟鸣叫声中听到它们对家的渴望；在巷弄中打闹嬉戏的孩子的笑声中，回忆起自己无忧无虑的童年；他们听到一句美丽的话语时，会想起自己深深眷恋着的爱人。

人生只有短短几十年，却常常浪费很多时间去发愁一些微不足道的小事。给你讲一个最富戏剧性的故事，主人公叫罗伯特·莫尔。

莫尔说："1945年3月，作为一名美军战士的我，在中南半岛附近80米深的海水下，学到了人生当中最重要的一课。当时，我正在一艘潜艇上，我方雷达发现一支日军舰队，包括一艘驱逐护航舰、一艘油轮和一艘布雷舰，正朝我们这边开来。我们发射了三枚鱼雷，都没有击中日军舰队。突然，那艘日军布雷舰径直朝我们开来。（后来才知道，这是因为一架日本飞机把我们的位置用无线电通知了这艘军舰。）我们潜到45米深的地方，以免被它侦察到，同时做好防御深水炸弹的准备，还关闭了整个冷却系统和所有的发电机。

"3分钟后，我感到天崩地裂。六枚深水炸弹在潜艇的四周炸开，把我们直压到80米深的海底。深水炸弹不停地投下来，有十几个在距离我们15米左右的地方爆炸了——如果深水炸弹距离潜水艇不到5米的话，潜水艇就会被炸出一个洞来。当时，我们奉命静静躺在床上，保持镇定。我吓得差点喘不过气来，不停地对自己说：'这下死定了……'潜水艇的温度几乎到了40℃，可我却怕得全身发抖，一阵阵地冒冷汗。15个小时后，攻击才停止，显然是那艘布雷舰用光了所有的炸弹后开走了。这15个小时，我感觉好像是过了1500万年。我过去的生活一一在眼前出现，我记起了干过的所有坏事和曾经担心过的一些无聊小事。我曾担心，没有钱买房子，没有钱买车子，没有钱给妻子买漂亮衣服；下班回家，常常和妻子为一点芝麻大的事吵上一架；我还为额头上的一个小伤疤发过愁。

"那些令人发愁的事，在深水炸弹威胁生命时，显得那么荒唐和渺小。我对自己发誓，如果还有机会再看到太阳和星星的话，我永远不会再忧愁了。在这15个小时里我学到的，比我在大学四年学到的还要多得多。"

我们一般都能很勇敢地面对生活中那些大的危机，却常常被一些小事搞得垂头丧气。拜德先生手下的工人能够毫无怨言地从事那种危险又艰苦的工作，可是有好几个人彼此之间不肯说话，只是因为怀疑别人乱放东西侵占了自己的地盘；或者看不惯别人将每口食物嚼28次的习惯，而一定要找个看不见这个人的地方，才吃得下饭……

世界上超过半数的离婚，都是生活里的小事引起的。

一次，卡耐基到芝加哥一个朋友家吃饭。分菜时，他有些小细节没做好。大家都没在意，可是他的妻子却马上跳起来指责他："约翰，你怎么搞的！难道你就永远也学不会怎么分菜吗？"她又对大家说："他老是一错再错，一点也不用心。""也许约翰确实没有做好，可我真佩服他能和他的妻子相处20年之久。说句心里话，我宁愿吃两个最便宜的只抹着芥末的热狗面包，也不愿意一边听她啰嗦，一边吃美味的烤鸭。"卡耐基事后这样说道。

大家都知道："法律不会去管那些小事。"人也不应该为这些小事忧愁。实际上，要想克服一些小事引起的烦恼，只要转换一下角度，有一个新的、开心点的看法就好。

作家荷马·克罗伊曾经说过，过去他在写作的时候，常常被纽约公寓的大照明灯"噼噼啪啪"的响声吵得快要发疯了。

后来，有一次他和几个朋友出去露营。当听到木柴烧得很旺时发出"噼噼啪啪"的响声，他突然想到：这些声音和大照明灯的响声一样，为什么我会喜欢这个声音而讨厌那个声音呢？回来后他告诉自己："火堆里木头的爆裂声很好听，大照明灯的响声也差不多。我完全可以蒙头大睡，不去理会这些噪音。"结果，不久后他就完全忘记了这事。

很多小忧虑也是如此。我们不喜欢一些小事，结果弄得整个人很沮丧。其实，我们都夸大了那些小事的重要性。

两次担任英国首相的迪斯雷利说："生命太短促了，不要只想着小事。"安德烈·莫里斯在《本周》杂志中说："这些话，曾经帮助我经历了很多痛苦的事情，我们常常因一点小事——一些不值一提的小事弄得心烦意乱。我们生活在这个世界上只有短短的几十年，而我们浪费了很多时间，去为那些很快就会成为过眼云烟的小事发愁。我们应该把生命只用在值得做的事和感觉上。去想伟大的思想，去体会真正的感情，去做必须做的事情。因为生命太短促了，所以不该再顾及那些小事。"

爱默生讲过这样一个故事："在科罗拉多州长山的山坡上，躺着一棵大树的残躯，自然学家告诉我们，它已经活了有四百多年。它在漫长的生命里，曾被闪电击中过14次，无数次狂风暴雨侵袭过，它都能屹立不倒。但在最后，一小队甲虫的攻击使它永远倒在了地上。那些甲虫从根部向里咬，渐渐伤了树的元气。虽然它们很小，却保持着持续不断的攻击。这样一个森林中的庞然大物，岁月不曾使它枯萎，闪电不曾将它击倒，狂风暴雨不曾将它动摇，一小队用大拇指和食指就能捏扁的小甲虫，却使它倒了下来。"

我们都像森林中那棵身经百战的大树，在生命中也经历过无数狂风暴雨和闪电的袭击，可是最后却让那些用大拇指和食指就可以捏死的小甲虫咬噬个没完。

要在忧虑毁了你之前，先改掉忧虑的习惯。不要让自己因为一些应该丢开和忘掉的小事烦恼，要记住：生命太短促了。

在最深的绝望里，
看到最美的风景

那些跌宕起伏过后，我们需要用平静来阐释面临的一切。

做棵职场向日葵还是含羞草？这个世界看起来早已成为外向者的天下。但事实上，内向者拥有安静的力量，她们的一些关键特性，比如注重深度、清晰准确的表达、习惯孤独等，使自己更容易成为卓越领导者或深度思想者。

逆境中的艰难困苦会对人产生什么样的影响？会把人压得喘不过气来，还是帮助你重新审视自己，找到之前自己也意识不到的潜力？伟大的心理学家阿尔弗雷德·安德尔说：人类最奇妙的特性之一，就是"把负变正的能力"。

战争期间，瑟玛的丈夫驻守在加州莫哈韦沙漠附近的陆军训练营里，为了能与他团聚，瑟玛也搬到那里去了。她十分讨厌那个地方，丈夫经常出差，只留下她一个人住在一间破屋里，瑟玛因此陷入了无边的苦恼中。

沙漠的天气令人无法忍受，即使有巨大的仙人掌，温度也高达五十多摄氏度。除了附近的墨西哥人和印第安人，几乎找不到可以说话的人，而他们又不会讲英语。那里整天都刮风，吃的东西，包括呼吸的空气中，到处都是沙子！瑟玛感觉日子实在过不下去了，她写信给父母，说她要回家，马上就回，一分钟也待不下去了！父亲的回信只有两行字，这是瑟玛毕生难忘的两行字："两个人从监狱的铁栏里往外看，一个看见烂泥，另一个看见星辰。"

瑟玛把这两行字念了一遍又一遍，内心充满了愧疚。她暗自下定决心，要主动发现自己身边的美好——她要看到那些心中美好的星辰。

于是，瑟玛与当地人交上了朋友。这时候她才发现，他们是如此友好——当瑟玛对他们编织的布匹和制作的陶器表示出一点兴趣时，他们就毫不犹豫地将自己最得意的东西送给了她，而不是卖给观光客。瑟玛仔细地欣赏仙人掌和丝兰令人着迷的形态；她去了解当地那些土拨鼠的事情；她披着日落的余晖去沙漠里寻找贝壳，她得知，300万年前，这片沙漠曾经是广阔无垠的大海。

究竟是什么使瑟玛产生了如此大的变化呢？沙漠没有改变，土著也没有改变，而是瑟玛的内心改变了。在这种心态下，瑟玛将以前那些令自己颓丧的环境变成了生命中最富有刺激性的冒险活动。由此发现的崭新世界令她为之感动，为之兴奋不已。瑟玛说："我从自己的监牢向外望，终于看到了星辰！"

也许，在我们了解不多的古老世界里，反而保留了更多古老的智慧和关于心灵的哲学。

英国军官勃德莱在非洲西北部，与阿拉伯人同在撒哈拉沙漠里生活了七年。在那里，勃德莱学会了游牧民族的语言，穿他们的服装，吃他们的食物，尊重他们的生活方式。他以放羊为生，睡在阿拉伯人的帐篷里。他觉得，和这群流浪的牧羊人在一起生活的七年，是他一生中最安详、最富足的一段时光。

勃德莱的父母是英国人，他本人出生在巴黎，儿时在法国生活了九年，然后到英国著名的伊顿学院和皇家军事学院接受了教育。成年后，勃德莱以英国陆军军官的身份在印度住了六年。

那时，他热衷于玩马球、打猎，并攀登喜马拉雅山探险，生活丰富多彩。他曾参加过第一次世界大战，战争结束后以助理军事武官的身份参加了巴黎和会。其间的所见所闻令勃德莱备感震惊和失望。当年在前线战斗时，勃德莱深信自己是为了维护人类文明而战，但在巴黎和会上，他亲眼看到那些自私自利的政客，是如何为第二次世界大战埋下了导火索的——每个国家都在进行秘密的外交阴谋活动，竭力为自己争夺土地，制造国家之间的仇恨。

于是，勃德莱开始厌倦战争和军队，甚至厌倦整个社会。他开始为自己应该选择哪种职业而满怀忧虑，好友建议他进入政治圈，但在8月一个闷热的下午，一次谈话改变了他的命运。他和第一次世界大战中最富浪漫色彩的"阿拉伯的劳伦斯"——英国情报官泰德·劳伦斯谈了一会儿，这个曾长期和阿拉伯人住在沙漠里的传奇英雄建议勃德莱到那里去。

尽管勃德莱觉得这个建议有些荒唐，但是他已经决定离开军队，工作也找得不顺利。因此，接受了劳伦斯的建议，前往阿拉伯人的世界。

后来他十分庆幸自己做出这样的决定，因为在那里他学会了如何克服忧虑。阿拉伯人生活得很安详，内心很平静，在灾难面前也毫无怨言。

有一次勃德莱在撒哈拉遭遇了炙热的沙尘暴。沙尘暴一连刮了三天三夜，风势强劲猛烈，甚至将撒哈拉的沙子吹到了法国的隆河河谷。勃德莱感觉到头发似乎全被烧焦了，眼睛热得发疼，嘴里都是沙粒，他觉得自己仿佛站在玻璃厂的熔炉前，痛苦万分，几近疯狂。然而阿拉伯人却毫无怨言，他们只是耸耸肩膀说："麦克托伯（没什么）！"

但是他们并不是完全消极被动的。暴风过后，他们立刻展开行动，将所有的小羊杀死。他们知道这些小羊已经无法存活了，杀死小羊至少可以挽救母羊。在完成这一任务后，他们再将剩下的羊群赶到南方去喝水……所有这些都是在十分平静的心态下完成的，对遭受的损失没有任何抱怨和忧虑。部落酋长说："已经很不错了，我们原本可能会损失所有的一切，但是感谢老天，还有40%的羊留了下来，我们可以从头再来。"

还有一次，勃德莱乘车横越大沙漠时，一只轮胎爆了，恰好司机忘了带备用胎。勃德莱又急又怒又烦，问那些阿拉伯人该怎么办。他们说，急躁不仅于事无补，反而会使人觉得天气更加闷热，车胎破裂是老天的旨意，是无法阻挡的。于是，一行人只好靠三只轮胎往前行驶，然而不久汽油也用光了。面对这种处境，酋长只说了一句："麦克托伯（没什么）。"这些阿拉伯人并没有因司机的过失而烦躁不已，反而更加平静。他们徒步走向目的地，一路上不停地唱着歌。

与阿拉伯人一起生活的七年时间使勃德莱相信，在美国和欧洲普遍流行的精神错乱、浮躁和酗酒，都是由匆忙、复杂的文明生活制造出来的。只要住在撒哈拉，勃德莱就没有烦恼。在那种最恶劣的生存环境中，他却能够找到心理上的满足和身体上的健康，而这也正是文明社会所缺失的。

在离开撒哈拉17年后，勃德莱始终保持着从阿拉伯人那里学来的生活乐趣：愉快地接受那些已经发生的事情。在深深的绝望里，看到美好的风景，这种生活哲学，比服用1000支镇静剂更能安抚他的紧张情绪。

为最纯的梦想，
尽最大的努力

我们常常将自己的不顺利怪在别人头上，怪别人不认真，怪别人太冷漠，怪别人不理解我的好主意，甚至怪别人抢我的风头……

随着年龄的增长，你才发现所有的不幸，归根结底，责任都在自己身上。许多人一直到老才明白这个道理，结果后悔也来不及了。就像拿破仑在滑铁卢战败后时说的："除了我自己，没有人应该为我的失败和错误负责。我是自己最大的敌人，也是自己不幸命运的根源。"

人生从来没有完美无瑕，幸福不会随便加分给任何一个人，正视这一点，才可以正确地看待自己的缺点和不足，然后尽最大的努力改变自己的现状。超越自己，才可以俯瞰世界。

H.P·霍华先生在纽约大酒店突然去世的消息，震惊了华尔街，传遍了全美国。作为美国财经界的领袖人物，美国商业银行和信托投资公司的董事长，以及几家跨国公司的董事，他的去世在社会上产生了巨大的影响。但这样一个杰出的人物，却没有受过任何正规教育。他一开始只不过是在乡下的小商店里当店员，成为美国钢铁公司的贷款部经理后，通过不懈的努力，社会地位越来越高，影响力也越来越大。霍华曾经说过："长期以来，我一直保持写工作日记的习惯。家人从来不在星期天晚上打扰我，因为他们知道，那天晚上我在做自我反省，回顾和检查一周的工作。渐渐地，我犯错误的几率越来越小，而这种自我反思的方法一年年坚持下来，对我的人生大有裨益。"

霍华的做法可能是从富兰克林那里学来的，但富兰克林不会等到星期天晚上，而是每天晚上就将当天做过的工作重温一遍。他发现自己有13项十分严重的错误，其中三项是：浪费时间、为小事烦恼和喜欢辩论。睿智的富兰克林懂得，如果不能克服这些缺点，他就没办法取得伟大的成就。于是，他每周会挑一项缺点并与之斗争，并且将当天的输赢结果记录下来。这种每周改掉一个坏习惯的战斗持续了两年多。正是这种努力，使他成为美国史上最受人敬爱，也最具有影响力的人物之一。

大家或许会觉得这种严格的自我反省过于苛刻，那么请看著名演奏家赫伯·阿尔伯特的一句话："每个人每天至少有五分钟是愚蠢的。所谓智慧就是一个人如何不超过这五分钟的限度。"让我们看看怎样只避免这五分钟的错误好了。

愚蠢的人受一点儿批评就会气急败坏，而有智慧的人却急切地希望从那些责备他们、反对他们、阻碍他们的人那里学到更多的经验教训。诗人惠特曼说："难道你的一切知识只是从那些羡慕你、恭维你、和你站在同一阵线的人身上学来的吗？

从那些反对你、指责你、阻挡你的人那里学到的东西，也许会更多。"

不要等着敌人来批评我们，我们来做自己最严格的批评者，要在敌人指责我们之前，找出自己的缺点并加以改正。如果有人骂你是一个傻瓜、花瓶，你会怎么办呢？生气并且觉得难以忍受吗？看看林肯是怎样做的：

有一次，战争部长埃德温·斯坦顿大骂林肯总统是一个笨蛋——因为林肯直接干涉了斯坦顿的业务，为了迎合一名自私的政客，林肯签发了一项命令来调动部分军队。斯坦顿不仅拒绝执行林肯的命令，而且大骂林肯。后来呢？当林肯听到斯坦顿的指责后，十分坦然地回答："如果斯坦顿说我是个笨蛋，那我一定就是个笨蛋，因为他几乎从来没有出过错，我得亲自去问问。"

林肯果然去见了斯坦顿。斯坦顿向他解释了签发这项命令可能带来的严重后果，于是林肯收回了命令。只要是诚意的批评，并且有足够的事实依据，具有一定的建设性，林肯都非常乐意接受。

我们都应该乐于接受这样的批评，因为没有人能做到不出错，甚至无法保证能把75%的事做对。世界上最著名的科学家爱因斯坦甚至承认，自己的思想在99%的时间里都是错的。

法国作家拉罗什富科说："敌人对我们的看法比我们自己的观点可能更接近事实。"正常情况下我不反对这句话，但是一旦有人批评我的时候，一不留心我就会马上进行反驳——

甚至还不清楚批评我的人要说些什么。一遇到这种情况，我总是非常懊恼，人们都不喜欢接受批评，总是喜欢听到别人的赞美，而完全不管这些批评或者赞美是否符合事实。由此可见，人并不是一种纯逻辑动物，而是一种情感动物，我们的思想逻辑就像一叶独木舟，在深邃、阴沉、经常刮起狂风暴雨的情感之海里漂来荡去。

所以，如果听到有人说我们的坏话，请不要本能地为自己辩护——每一个傻瓜都会这么做。我们要与众不同，要谦虚，要明理，要去和那些批评我们的人做朋友，要告诉自己"如果批评者知道我全部的错误，他的批评一定会比现在更严厉"，只有这样，我们才能赢得他人的喝彩。

有一个肥皂推销员，他就常常请别人来批评自己。刚开始推销肥皂时，他总要很久才能获得一笔订单，业绩这么差，他很担心会失去这份工作。他觉得肥皂的质量和价钱都没有什么问题，那问题一定出在自己身上。于是每次生意失败后，他总在街上来回踱步，想要弄清楚到底是哪里出了问题：是不是说话太含糊？是不是态度不够真诚？为了弄清楚问题所在，他勇敢地回到客户那里，对他们说："我回来不是推销肥皂，而是希望得到忠告和批评。可不可以告诉我，几分钟前我推销肥皂时，有什么地方做得不对？你们的经验比我多，也比我成功，我做得不对的地方，请不加隐瞒地告诉我。"

这种诚恳的态度使他赢得了很多朋友和很多宝贵的忠告。

你猜后来怎么样？今天他是CPP肥皂公司——全世界最大的肥皂公司的董事长，他的名字叫E·H·李特。在上一年中，全美国只有14个人收入比他多。

只有非凡的人才能做到H．P·霍华、富兰克林和E．H·李特的自律、自省和努力。女人们，现在何不去面对镜子，问问自己到底属于上面的哪一类人？

要想不因为他人的批评而烦心，可以践行这句话：留下自己干过的傻事记录，检讨自己吧！我们不可能做到完美无瑕，那就让我们按照李特的办法，请别人给我们坦率、有益、有建设性的批评吧！

放低姿态，
脚步会更从容

　　我们总是习惯了仰望，却忽略了低处，说不定那里也有美丽的风景。

　　玫瑰固然芳香美丽，但也有骇人的尖刺；大海固然令人神往，但也有风暴海啸。我们所在的世界尽管不完美，但我们却可以尽力修炼出一种完美的生活态度。请你仍然以一颗宽容的心，去爱这个世界，把心放低一点，脚步会更从容。

　　卡瑞尔是个聪明的工程师，也是卡瑞尔公司的老板，他开创了空调制造行业。卡瑞尔先生说："年轻的时候，我在纽约州水牛城的水牛钢铁公司做事。有一次我要去密苏里州水晶城的匹兹堡玻璃公司的下属工厂安装瓦斯清洗器。这是一种新型机器，我们经过一番精心调试，克服了许多意想不到的困难，机器总算可以运行了，但性能没有达标。

　　"我对自己的失败深感惊诧，仿佛当头挨了一棒，竟然犯了肚子疼的毛病，好长时间没法睡觉。最后，我觉得忧虑并不能解决问题，便琢磨出一个办法，结果非常有效——这个办法我一用就是30年——其实很简单，只有三个步骤。第一步，我坦然地分析我面对的最坏结局。如果失败的话，老板会损失两万美元，我很可能会丢掉工作，但没人会把我关起来或枪毙掉。

"第二步，我鼓励自己接受这个最坏的结果。我告诫自己，我的历史上会出现一个失败点，但我还可能找到新的工作。至于我的老板，两万美元还赔得起，权当交了实验费。接受了最坏的结果以后，我反而轻松下来了，开始感受到内心终于得到了平静。

"第三步，我开始把自己的时间和精力投入到改善最坏结果的努力中。

"我尽量想一些补救办法，减少损失的数目，经过几次试验，我发现如果再用5000美元买些辅助设备，问题就可以解决。果然，这样做了以后，公司不但没损失那两万美元，反而赚了1.5万美元。

"如果我当时一直担心下去的话，恐怕再也不可能得到这个结果了。忧虑使人思维混乱，忧虑的最大坏处，就是会毁掉一个人的能力。当我们强迫自己接受最坏的结局时，我们就能集中精力解决问题。

"由于这个办法十分有效，我多年来一直使用它。结果，我的生活里几乎很少再有烦恼了。"

为什么卡瑞尔的办法这么有实用价值呢？从心理学上讲，它能够把我们从灰色情绪中拉出来，使我们的双脚稳稳地站在地面。只有我们脚踏实地，一心做事，才有把事情做好的可能。

应用心理学之父威廉·詹姆斯教授已经去世很多年了，假如他还活着，听到这个办法也一定会加以赞赏的。因为他曾说过："接受现实，是克服不幸的第一步。"

林语堂在他那本深受欢迎的《生活的艺术》里也说过同样的话。这位中国哲学家说："心理上的平静能顶住最坏的境遇，能让你焕发新的活力。"这话太对了！接受了最坏的结果后，我们就不会再损失什么了，这就意味着失去的一切都有希望赢回来了。

可是生活中还有成千上万的人为忧虑而毁了生活，因为他们拒绝接受最坏的境况，不肯尽可能地挽救灾难带来的后果。他们不但不重建心灵大厦，反而得了忧郁症。

住在麻省曼彻斯特市温吉梅尔大街52号的艾尔·汉里曾经说过他的经历：

"20年前，我因为常常发愁，得了胃溃疡。一天晚上，我的胃出血了，被送到芝加哥西比大学医学院的附属医院，体重也在几天内从170磅降到了90磅。我的病非常严重，以至于医生连头都不许我抬，他们认为我的病没得治了。我只能每小时吃一匙半流质的东西。每天早晚护士都用一条橡皮管插进我的胃里，把里面的东西洗出来。

"这种情况持续了几个月……最后，我对自己说：'你睡吧，汉里，如果你除了等死之外没有什么其他的指望的话，不如充分利用你余下的生命。你一直想在死之前周游世界，如果你还有这个愿望，现在就去实现吧。'

"当我告诉医生我要去周游世界的时候，他们大吃一惊。他们警告说，这是不可能的，如果我去周游世界，我就只有葬在海里了。'不，不会的'，我说，'我已经答应过亲友，我要葬在雷斯卡州我们老家的墓园里，所以我打算随身带着棺材。'

"我买了一具棺材，把它运上船，然后和轮船公司商量好，万一半路上我死了，就把我的尸体装进这口棺材，放在冷冻仓中，运回我的老家。我踏上了旅程，心里默念着奥林凯莉的那首诗：啊！在我们零落为泥之前，怎能辜负欢乐的时光？化为泥土，死后长眠，就会没有酒、没有歌、没有舞蹈，而且看不到明天。

"我在洛杉矶坐上亚当斯总统号向东方航行时，精神已经感觉好多了。渐渐地，我不再吃药，也不再洗胃了。又过了段日子，我可以吃东西了——甚至包括许多奇特的当地食品和各种调味品——在医生看来，这些都是会让我送命的食物。几个星期过去了，我甚至可以抽长长的黑雪茄，喝上几杯老酒。

"我们在印度洋上碰到季风，在太平洋上遇到台风，可我却尝到了冒险带来的极大乐趣。

"我在船上玩游戏、唱歌、认识新朋友，晚上聊到半夜，多年来我从未享受过这样轻松的时光。

"到了中国和印度之后，我发觉自己的私事与在当时的东方看到的贫困和饥饿相比，真是不值一提，我彻底抛弃了所有无聊的忧虑。回到美国后，我的体重增加了90磅，几乎都忘记了我还得过的重病，我从未感到这么舒服和健康。"

艾尔·汉里在潜意识中也运用了威利·卡瑞尔克服忧虑的

办法。

"首先，我问自己：可能发生的最坏情况是什么？答案是：死亡。

"第二，我让自己准备好迎接死亡。我别无选择，几个医生都说我没有希望了。

"第三，我想办法改善这种状况。办法是：尽量享受剩下的这点时间，如果我上船后继续忧虑下去，毫无疑问我会躺在棺材里结束这次旅行。无非就是死掉而已，我完全放松了，也忘记了所有的烦恼，而这种心理平衡，使我产生了新的活力，拯救了我的生命。"

忧虑对女人的损害更大，它除了会带来一系列疾病之外，还会侵蚀女人的容貌，让女人未老先衰；同时，在生活、家庭和职场中，往往还会给女人增添很多自身之外的忧虑。可以说，忧虑仿佛更青睐女人。亲爱的你，如果有忧虑，就要赶紧排除它。你可以用威利·卡瑞尔的这个办法，做下面三件事：

一、问你自己："可能发生的最坏情况是什么？"

二、做好准备迎接它。

三、镇定地想方设法改善最坏的情况。

然后，用快乐的心情把忧愁一脚踢走。

总有一天，
你会成为最好的女孩

整形外科医生马克斯韦尔·莫尔兹博士说：任何人都是目标的追求者，一旦达到一个目标，第二天就必须为第二个目标动身起程了……人生总是像行驶在高速路上的车子，总是不断起跑、飞奔、修正方向……不犹豫地朝前方奔跑，总有一天，你会成为最好的女孩。

一个小女孩名叫罗斯，有一天，老师让学生们把自己的梦想写出来。罗斯的梦想是拥有一个大农场，甚至还画了一张农场的设计图。老师判她的答卷不及格，还说罗斯是在做白日梦。老师认为，建农场需要一笔很大的开销，而罗斯又是个非常普通的女孩，既没钱又没家庭背景，怎么可能实现这个愿望呢？罗斯却很认真，她把自己的梦想详细地描述出来，并且还确定了每个不同阶段的目标，之后她就朝着这个目标努力。多年后，罗斯终于有了一座属于自己的农场。有意思的是，当年那位老师还带着学生来这里参观，当然，这位老师对自己当年的做法惭愧极了。

巴罗是一名马戏团的驯兽师。每当一只动物的动作有了进步，巴罗就会亲热地拍拍它的脑袋，称赞它的聪明劲儿，还要奖励它一块肉。巴罗的方法正是几个世纪以来训练动物的寻常技巧。那么，为什么当人类对待别人的时候，总是习惯使用皮鞭，而不是肉呢？换句话说，人们都习惯了给别人批评和责怪，甚至嘲笑，而不习惯赞赏别人。但实际上，即使一个人只有一点小小的进步，只要得到称赞，就可以得到继续前进的动力。

50年前，一个10岁的穷孩子有一个理想，希望自己将来能成为一个歌唱家。可是，他的第一位老师非但没有鼓励他，还打击了他的梦想，老师说："你怎么能唱好歌呢？你的嗓子很差劲，唱起歌来难听极了。"孩子的母亲是个贫苦的农家妇女，她却搂着自己的孩子，称赞他鼓励他。她对自己的儿子说，你一天天在进步，歌声越来越好听了！母亲光着脚去做工，为的是省下钱来给儿子付音乐班的学费。那位农家母亲的鼓励和称赞，终于改变了孩子的一生——这个孩子就是杰出的歌唱家卡罗沙。

真诚的鼓励可以让每一个平凡的孩子继续她的梦想，明确的目标可以让每一个看起来不可能实现的愿望梦想成真。比起鼓励或挫折，更重要的是我们要保持必胜的信心和坚持下去的意志。

生命有时一片光明，有时会深陷黑暗；有时让人站在人生的巅峰，有时又会将人抛入低谷。挫折是人生旅途中必经的一站，即使我们退缩，挫折也不会因为你的逃避就放过你。勇敢地接受生活的考验，坚持自己的梦想，总有一天，你会成为最好的女孩。

达娜·侯赛因是一名喜欢跑步的伊拉克女孩，但是在她的国家，不允许女孩子抛头露面，更别说穿着短裤背心进行体育比赛了。但达娜并没有退却，没有鞋，她就穿着淘来的二手跑鞋偷偷去体育场练习跑步。但不久后伊拉克战争爆发了，为了赶去训练，她的教练不得不开着车载着她，冒着枪林弹雨，在一天中八次穿过交战地带才能到达集训地。

即使这样，达娜也没有放弃，她说："如果街道被封锁了，我就换个地方训练，如果枪战发生了，我会绕路走，因为我要实现我的目标。"达娜的成绩不错，她是伊拉克女子短跑100米和200米的全国纪录保持者，她赢得了参加奥运会的资格。达娜的目标很明确，去参加北京奥运会，她并不奢望能够拿到奖牌，只要能在奥运会的100米和200米的赛道上跑出自己的成绩就满足了。

达娜的事迹被《芝加哥论坛报》报道后，一位名叫劳拉·哈根的美国女律师，为达娜邮去一双最新款的跑鞋，并汇去了达娜的训练经费以及去北京的路费。哈根在写给达娜的信上说："一名选手怎能没有自己的跑鞋？我不是体育迷，但我支持你，我希望能在奥运会的赛场上看到你。"

但是，现实经常与理想开残酷的玩笑。就在达娜准备动身的时候，伊拉克与国际奥委会产生了矛盾，决定不派运动员去北京参加奥运会了。听到这个意外的消息后，达娜流下了伤心的泪水。教练为了宽慰这位21岁的女孩，说："没关系，这次奥运会不能参加，你还可以参加下次奥运会。"达娜难过地回答："但战争还在继续，谁知道四年后我还会不会在人世？"

只要你知道自己去哪儿，全世界都会为你让路，奔着目标前行，总有一盏绿灯为你亮起。经过奥委会的努力，在最后关头，达娜终于获得了北京奥运会的参赛资格。8月16日这天，达娜如愿站到了北京鸟巢体育馆的田径跑道上，看到了达娜，现场的人们纷纷报以热烈的欢呼声，她成功了！虽然以她的成绩并没有进入下一轮比赛，但是达娜说："只要我还活着，我就不会放弃训练和比赛。"

实现梦想的道路上困难重重，有岔路也有障碍，也许你正在焦虑或者苦苦寻找，但是不要灰心，机遇属于坚持的人，只要你有明确的目标，抓住一切可利用的资源寻找机会，总有一天，你会梦想成真，成为最好的女孩。

守稳初心，
光明就在转角处

　　著名专栏女作家迪克斯说："我经历过贫困的深渊，别人问我是怎么熬过来的？我回答：'熬得过昨天，我就过得了今天，我决不去想明天会是什么样子！'我深深知道挣扎、焦虑和绝望的滋味，过去，我总是陷入过度劳累中。我过去的生活就像满目疮痍的战场，充满了破碎的梦想和希望的幻觉。总是回忆过去，就像揭开旧伤疤，会令我提前衰老。

　　"我从不为过去悲伤，我也不羡慕比我过得好的人，因为我真正有血有泪地活过。我饮遍了生命之水的每一滴滋味，而别人只是浅尝了一口泡沫。我了解很多别人根本不会知道的事情，走过很多别人根本没办法走过的路。这让我能够看清每一件事，因为只有泪水洗过的眼睛，才更清澈。

　　"我一点不为曾经受过的苦感到后悔，因为我从那些痛苦中真正体会到了生命的意义。我发现了一个生活的哲理，那就是'活好今天，决不替明天烦恼'。明天是什么样子，谁都不知道，所以我没必要去担忧，假若困难真来了，那就'兵来将挡，水来土掩'好了。"

有一年春天，一名蒙特瑞综合医院的医科毕业生感觉忧虑极了：我怎样才能通过期末考试？毕业后该做些什么？该到什么地方去？怎样才能开诊所？怎样才能谋生？他拿起一本书，看到了对他的前途有着重大影响的24个字。这24个字使这位年轻的医科学生成为当时最著名的医学家。他创建了闻名全球的约翰·霍普金斯医学院，成为牛津大学医学院的终身客座教授——这是英国医学界所能得到的最高荣誉，他还被英女王封为爵士。

他就是威廉·奥斯勒爵士。那年春天他看到的那24个字帮助他度过了快乐的一生。这24个字就是："请注意，不要去看远处模糊的影子，而要去做手边清楚的事。"这是文学家汤姆斯·卡莱尔的一句话。

42年后，在开满郁金香的校园中，威廉·奥斯勒爵士向耶鲁大学的学生发表了演讲。他对学生们说："像我这样一个人，曾经在四所大学里当过教授，写过很畅销的书，似乎应该有'不凡的头脑'，其实不是的，好朋友们都说我的头脑普普通通。"

那么，威廉·奥斯勒爵士成功的秘诀是什么呢？他认为，是因为他生活在"一个完全独立的今天"里。

"一个完全独立的今天"是什么意思？

在去耶鲁演讲之前，威廉·奥斯勒曾经乘坐一艘很大的海轮横渡大西洋。他看见船长在驾驶舱里按下一个按钮，在机器一阵"吱嘎"的响声后，船舱内部立刻被隔绝成几个防水的隔舱。奥斯勒博士对耶鲁的学生说："你们每个人的头脑构造都要比那条大海轮更精美，而且要走的航程也遥远得多。我想奉劝诸位：你们也应该学会控制自己的一切。只有活在一个'完全独立的今天'中，才能在航行中确保安全。在你的驾驶舱中，每个大隔舱都有各自的用处。按下一个按钮，用铁门把过去隔断；按下另一个按钮，用铁门把未来也隔断。这时，你拥有的今天已经完全呈现在你面前——埋葬已经逝去的过去，把未来紧紧地关在门外。不念过去，不畏将来，你的希望只存在于今天，未来只是今天的延续。只要做好手边的事，光明就在转角处！"

奥斯勒博士是不是主张人们不用下工夫为明天做准备呢？不，绝对不是。他接着说，集中所有的智慧，所有的热情和耐心，把今天的工作做得尽善尽美，就是你迎接未来的最好方法。

奥斯勒爵士建议耶鲁大学的学生们在一天开始时对自己说："我们将得到今天的面包。"这句话中仅仅提到今天的面包，并没有抱怨昨天吃的面包不好，也没有说："噢，天哪，麦田里最近很干枯，可能又遇到一次旱灾，我们到秋天还能吃上面包吗？"或者，"万一我失业了，那时我怎么弄到面包呢？"这句话提醒我们，我们只可要求今天的面包，守住初心，不想太多。

很久以前，一个一文不名的哲学家流浪到一个贫瘠的小乡村，那里的人们过着非常艰苦的生活。一天，在山顶上的人群中，哲学家说出了一段名言，这段话经历了几个世纪，世世代代地流传了下来："不要为明天忧虑，因为明天自有明天的忧虑，一天的难处一天受就足够了。"

很多人都不相信这句"不要为明天忧虑"，把它当作一种多余的忠告，或者把它看作宿命论的哲学。他们说："我一定得为明天忧虑啊！我得为家庭多攒点钱，我得把钱存起来留着养老，我一定得为将来孩子上学做计划和准备。"没错，这些话都对。其实，哲学家说这句话更多想表达的意思是："不要为明天着急。"

不错，一定要为明天着想，要认真地为明天考虑、计划和准备，可是不要为明天着急，而是要把全部精力放到过好今天。今天，就是你最值得珍惜的，就像英国女首相玛格丽特·撒切尔说的那样：幸福不是什么都不用做，而是给自己安排满工作，到傍晚自己感觉疲倦的时候，就知道自己过了充实的一天。

活好每一天，
就是活好一辈子

　　节省时间，就是使一个人有限的生命更加高效，就等于延长了生命。

　　那些在事业上取得成就的人，都深深懂得时间的价值。德国哲学家叔本华曾说：普通人只想到如何度过时间，可是有才能的人却设法利用了时间。每天只有24个小时，你是否想知道，那些最忙的女性是怎样在短短的时间内完成巨大的工作量的？

　　每天，罗斯福总统夫人的日程表都排得满满的——写作、在各地演讲、开展外交活动，很多年龄还没她一半大的女性都难以胜任这么繁重的工作。她是如何有效地安排要完成的事情的呢？她的回答简单明了："我从不浪费一点时间。"罗斯福夫人每天天不亮就起床，一直工作到深夜。那些在报上发表的专栏，都是利用约会或会议之间的空当完成的。

　　每个人都和罗斯福夫人一样拥有24个小时，而我们又是如何度过的呢？我们总是没时间做自己喜欢的事，没时间读一些好书，没时间学习自修课程，没时间带孩子去动物园，没时间参加家长与老师之间的联谊会等等有益的事……

《如何创造婚姻生活》的作者保罗·波派诺博士在自己的书中说："很多女性都觉得做家务占用了太多时间，这种想法并不正确。如果女性将她一星期内的时间安排详细记录下来，结果一定会让她大吃一惊。"如果你也这样记录一下，你会惊讶地发现，类似"10点至10点15分，和马蓓儿电话聊天""下午1点至2点，和邻居聊天""8点至下午3点，和哈力叶特逛街，并在外面吃午餐"这样的记录太多了。当记录了一个星期以后，你将会清楚地发现自己在平常的生活中浪费了多少时间。

我们每天浪费的时间简直是不计其数，比如等待某人的电话，等候公共汽车和地铁，在美容院的冷气机下面发呆……为什么我们不能将这些时间好好利用起来呢？

已故的哈尔兰．F·史东先生是美国最高法院的首席法官，他就非常懂得利用这些时间。有一次，他对一个大学应届毕业生说："有很多重要的事情通常用15分钟就能够完成，但是人们往往会忽视这段时间，将它浪费掉。"

约·基尔兰先生是个"万事通"。人们经常看见他在乘坐地铁的时候，聚精会神地看《济慈诗集》，或是一些专业论文。西奥多·罗斯福总统的桌上总是放着一本书，当他的约会之间出现一个空当，他就开始看书，有时甚至只有两三分钟时间。他的儿子小西奥多·罗斯福曾经描述过："我父亲的卧室里总有一本诗歌集，当他在穿衣服的时候就能够背下一首诗。"

现实生活中，人们不会比美国总统更忙碌，但他们常常叫喊："我太忙了，哪有时间看书啊！"

如果你也是这样，总觉得没时间，就请看一下萨尔瓦多·S·盖塞缇夫妇如何用高效率的方法进行家庭管理。

萨尔瓦多先生是个资深的顾问工程师，他的妻子迪娜·盖塞缇是他的助手。平时，盖塞缇太太除了照顾他们的三个儿子，料理一成不变的家务以外，还为她的丈夫做秘书、会计、人事经理和研究助手，同时还负责地方社团和教师家长的联谊会工作。

她说："家里有三个活泼的小家伙，庞大的房间和花园就更加需要整理；我还要做丈夫的秘书，为他整理文章，构思改进方案，还要提醒他的日程安排；此外还要负责社团活动、宣传文化、宗教的社会职责，我的工作比别人多出两倍。当我给孩子们热奶瓶的时候，当我打扫清洁的时候，都会想出许多提高工作效率的方法。尽可能用最短的时间做完基本的工作，然后就能拥有更多的时间做自己喜欢的事情。

"有时候，我们会抛开所有日常事务，集中精力去做一件特殊的事情——我们制定的工作进度表非常有弹性，不是一成不变的。这样有效率有秩序的计划，让我们的生活既充实又富于变化，我感觉十分幸福。"

　　盖塞缇夫妇懂得如何协调工作和生活的关系。他们的态度是追求成功者必须有的态度。或许你已经发现，那些推动本地社团工作或负责家长教师联谊会的人都是你身边最忙碌的人。但是，她们看上去总是比懒人有更多的时间。难道她们是雇了两个女佣或者是没有孩子，每天在床上吃早餐，下午打桥牌的太太？事实并非如此，这些做很多事情的年轻女性都有自己忙碌的工作，都有孩子，还有一个同样忙碌的丈夫，那她们如何能够完成那么多的事情？仅仅是因为她们会合理安排自己的时间。

　　属于我们的这个社会很忙碌，白天的时间总是不够用，牺牲睡眠时间来工作，只会让自己焦虑、易怒、思维混乱，因此我们能做的，只有时间管理一条路。为了帮助你更有效地利用时间，请学会以下规则：

　　真实记录每天用的时间，检查时间浪费在哪里。

　　制定下周的时间计划，合理安排每一件事情。也许会出现计划外的事情。但如果坚持按工作计划表行事，你会发现时间增加了。

　　使用省时省力的方法。比如一次买完所有东西或计划出一个星期的菜单。

　　利用每天"浪费掉的时间"去做你从没时间做的事。

　　提高工作效率，用一份时间做两倍工作。如：盖塞缇太太热奶瓶的时候，会同时帮丈夫制订活动计划；等待烤箱中的肉熟时，会处理公文；看着孩子们在公园玩耍时，会做些织补活儿，这就是用一个小时完成两个小时的工作。

　　充分利用网络化，以节省时间。

学习聪明地购物，减少逛街的时间。

专心致志工作时，不去理会杂事。你的朋友很快会知道你接待客人的固定时间，同时也会佩服你的时间效率。

在阿诺德·贝内的《如何充分利用24小时》一书中，他这样感慨："当你清晨睁开眼睛，像变魔术一般，你的生命里就拥有了还没使用的24小时！它是你的，是你最宝贵的财产。"

每个人在他的一生中都曾经对自己说过："假如再给我一点时间，我会不会做得更好？"但实际上我们永远也得不到更多的时间。记住，我们只拥有今天的24小时。